有機酪農確立への道程

荒木 和秋 編著

筑波書房

はしがき

　2022年はこれまで日本酪農が採用してきた生産システムの大きな転換が求められる年になった。そこでの特徴は、第一はロシアのウクライナ侵略によって世界の食料や飼料の流通システムが大きな影響を受けて飼料価格高騰をもたらし、輸入穀物に依存する日本の酪農経営は大きなダメージを受けた。飼料自給率が比較的高い北海道においても22年の酪農経営の経営収支は多くが赤字であると予想され、この状況がいつまで続くか予測はつかない。

　第二は資材価格高騰の中にあっても新型コロナの影響で牛乳の過剰問題が起きたことである。日本酪農が政府の規模拡大政策によって巨大な酪農経営体を生み出し、上記の外部経済や需要の変動に対して硬直的な生乳生産システムが形成された。

　第三は2021年5月に出された「みどりの食料システム戦略」である。これは世界的な地球温暖化対策を受けて政府のカーボンニュートラル政策を受けたもので、化学肥料や農薬の大幅な削減と有機農業の面積を日本の全面積の25％まで増やそうという画期的な政策であるが、この数値の達成には疑問視する関係者が多い。しかし資材の価格高騰や枯渇によって「みどり戦略」の有機農業が現実味を帯びてきた。

　本書は20年前から取り組まれた有機酪農の実践記録であり「みどり戦略」を意識したものではない。日本において有機畜産の基準（JAS規格）がない中、酪農家が手探りで有機畜産の情報収集を行い、有機酪農に取り組んだ。農業改良普及センターや農協、乳業メーカー、農業試験場などが支え、日本で初めて国内認証を受けた有機牛乳がつくられた。農家と関係機関が一丸となって作り上げた生産システムである。さらに農研機構の支援のもとイアコーンサイレージが、さらに酪農学園大学、北海道大学の支援のもと有機子実トウモロコシの開発が行われるなど、自給率向上の取り組みが行われてきた。

　有機畜産の意義はSDGsに欠落している家畜の保護である。SDGsでは生態

系や生物多様性の保護が謳われているものの、人類よりも多く生存し人類に貢献している家畜には言及されていない。人間の食料として自らの生命を供している家畜への配慮がアニマルウェルフェアであり、人間社会の倫理観にもつながる。家族経営が放牧という家畜を健康な環境で飼うことは地域の環境や国土を保全するとともに、我々に健康な食品を提供してくれる。そのことを考えれば有機畜産はSDGsの一角を占めるべきである。

　本書の構成は、4章からなるが、序章は有機畜産の考え方と有機農業との関係について紹介した。第1章は津別町における有機酪農の成立過程について農家、農協、乳業会社の立場から述べてもらった。第2章は有機酪農の技術開発と日本初のJGAP認証取得について紹介した。第3章は有機酪農に携わった酪農家の経営展開について紹介した。第4章は日本の飼料政策と新たな飼料作としての子実トウモロコシの普及と有機子実トウモロコシの開発および有機酪農の展望について紹介した。

　まず序章では、日本における有機畜産の考え方を検討している。日本では、有機畜産の2本柱の一つであるアニマルウェルフェアに重点が置かれ、もう一つの柱である有機飼料にはほとんど触れられていない。その原因は、有機畜産物JAS規格にある。有機飼料は自給飼料にこだわっておらず、極端な場合には外国産100％でも構わない規定になっている。そうなると当然、環境問題が発生するものの、有機畜産物JAS規格の二つの原則の一つである「環境保全」については何も触れられていない。また、アニマルウェルフェアの中核を占める放牧についても希薄である。EUと違い日本は農地（飼料生産と関係した）が欠落した有機畜産物JAS規定なっており、この規定が一人歩きして日本の有機畜産物生産を歪んだものにしている。

　第1章では、有機酪農に取り組んだ生産者、農協、乳業メーカーのそれぞれの立場から有機酪農確立への取り組みの理由と背景、意義について述べている。そこでは、先駆者が背負う試行錯誤と苦労を紹介している。

　第2章では、有機酪農の技術開発を支えた農業改良普及センターの立場か

ら、有機酪農の技術体系確立までの関係機関の支援活動、技術開発の課題と
解決のために試験結果が紹介されている。特に有機トウモロコシ栽培の確立
のポイントであったカルチ作業技術が詳細に紹介され、全国の栽培技術のマ
ニュアルともなるべき内容になっている。さらに、有機畜産物および有機飼
料のJAS規格に止まらず、わが国初のJGAP団体認証取得までの体制づくり
と取り組みを紹介した。

　第3章では、有機酪農に取り組んだ生産者の経営展開を、津別町農業の中
での意義、生産技術の改善内容、生産の推移、経営収支の推移などを紹介し、
世代交代と新規参加者を含めた新たな生産体制確立について紹介した。

　第4章では、22年の輸入飼料の高騰によって苦境に陥っている北海道の酪
農経済について紹介し、有機自給飼料生産の新たな飼料であるイアコーンの
栽培農家の経営と有機子実トウモロコシ栽培の開発と普及の可能性について
紹介した。さらに有機畜産発展のための政策提言を行った。

　本書の有機酪農への取り組みを通して、厳しい生産現場の状況と生産者や
関係機関による新たな生産体制確立の努力の過程など日本酪農の軌跡の一端
を知っていただければ幸いである。（荒木　和秋）

目　次

序章　有機畜産の理念と日本の現状

第1節　有機農業と有機畜産

有機農業の考え方

　有機農業および有機畜産は、その生産物が消費者への販売を目的としているため、短絡的には「安全かつ良質」の生産物の生産を目的とした一つの生産方法（農法）と捉えがちである。その背景として有機農産物の日本農林規格（JAS規格）において、「化学的に合成された肥料及び農薬の使用を避けることを基本として」（第2条）と定められていることである（『有機畜産物の生産行程管理者ハンドブック』2006）。しかし、有機農業は幅広く深い概念を有している。

　日本有機農業学会会長（2代）の中島紀一氏は、

　「有機農業は、単なる無農薬・無化学肥料栽培ではないし、有機JASの規格をクリアした農業形態でもない。有機農業は、自然の摂理を活かし、作物の生きる力を引き出し、健康な食べ物を生産し、日本の風土に根ざした生活文化を創り出す、農業本来のあり方を再建しようとする営みである」と定義づけている（中島2011）。そして、「有機農業・自然農法の技術論の骨格は、低投入・内部循環・自然共生というキーワードに集約される」とする（中島2021）。

　同学会会長（5代）谷口吉光氏も「有機農業は農業生産を持続可能な方向に転換しようとする農業技術と思想の体系であり、持続可能な方向とは、省エネルギー、省資源、低投入、地域循環、自然共生といった方向を意味する」と同様な定義づけを行っている（谷口2021）。

　また、ヨーロッパの有機農業の認証基準について「有機農業の認証基準は農薬、化学肥料を使用しないだけではなく、環境保全や動物福祉といった環境論理の観点や、自給飼料の使用など土地や地域との結びつきなど多様である」として有機農業の考えの中にもアニマルウェルフェアの考え方が含まれ

ている（石井2015）。

　以上のように、有機農業は土壌の生態や生物多様性の自然生態系のもと健康な農産物を生産する農業者の取り組みと地域社会や自然環境と結びついた地域農業の創造とも言えよう。

有機畜産と有機農業の関係

　有機畜産については、コーデックス総会※（第24回2001年）において定義されている。

> ※：コーデックス委員会：1963年にFAO及びWHOにより設置された国際的政府間機関で、消費者の健康保護、食品の公正な貿易の確保を目的とする。（農林水産省）

　ここでは、「有機的な家畜飼養の基本は、土地、植物と家畜の調和のとれた結びつきを発展させること及び家畜の生理的及び行動学的要求を尊重することである。

　これは、有機的に栽培された良質な飼料の給与、適切な飼養密度、行動学的要求に応じた動物の飼養体系、およびストレスを最小限におさえ、動物の健康と福祉の増進、疾病の予防並びに化学逆療法（allopathic）の動物用医薬品（抗生物質を含む）の使用を避けるような管理方法を組み合わせることによって達成される」と記されている（松木・永松2004）。

　EUの有機畜産基準は、土地と家畜が密接に結びつき、アニマルウェルフェアが保障され、医薬品・抗生物資を必要としない家畜飼養方式と要約できよう。

　EUの動きを受けて日本でも2005年10月において「有機畜産物の日本農林規格（有機畜産物JAS規格）」が農林水産省から告示されている。第2条において、「有機畜産物は、農業の自然循環機能の維持増進を図るため、環境への負荷をできる限り低減して生産された飼料を給与すること及び動物用医薬品の使用を避けることを基本として、動物の生理学的及び行動学的要求に配慮して飼養（生産）すること」とコーデックス委員会と同様な定義がなされ

図1 有機畜産・有機農業の位置

図1 有機畜産・有機農業の位置

工場式畜産	⇔	有機畜産		有機農業	⇔	近代農業
超密飼い 成長ホルモン使用 医薬品使用 GM飼料		放牧・アニマルウェルフェア 成長ホルモン不使用 医薬品・抗生物質等不使用 非GM飼料	安全良質農産物	化学農薬不使用 化学肥料不使用 土壌微生物保全		化学農薬使用 化学肥料使用 土壌微生物非保全

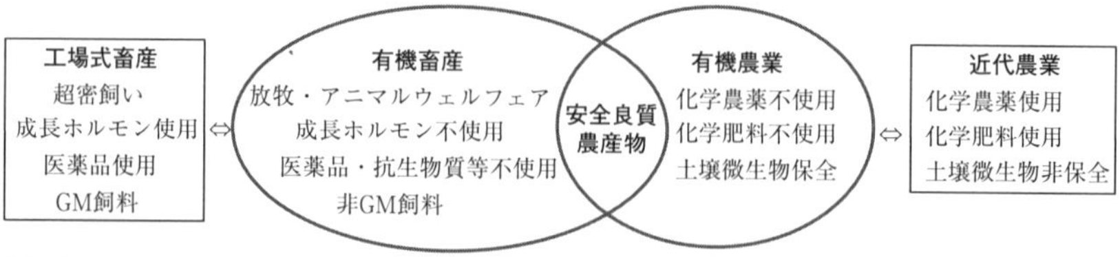

無視	⇔	自然循環機能・生態系重視	⇔	軽視
無視	⇔	地域農業重視	⇔	軽視
無視	⇔	持続可能性重視	⇔	軽視

ている。

　以上から有機畜産、有機農業と近代農業および工場式畜産の関係を見たのが図1である。有機農業は化学農薬、化学肥料の不使用で、そのことにより土壌微生物が保全されている。また、有機畜産は家畜の健康のため、放牧やアニマルウェルフェアの実施を行う一方、医薬品や抗生物質の使用は基本的には禁止している（日本では休薬期間を長くすることで認められている）。飼料は有機飼料（非遺伝子組み換え）である。

　また、有機畜産、有機農業ともに自然の循環機能や生態系を重視するとともに地域農業を重視する。これに対して工場式畜産においては、家畜は農地から切り離され、巨大な建物に過密な飼養が行われる。外部（海外）の大規模農場からの遺伝子組換飼料の供給を受けるため、大量の糞尿が発生し農地における循環機能が失われている。そこで有機畜産は、現在の支配的な畜産の飼養方式への軌道修正を求める取り組みでもある。

有機畜産の歴史的展開

　有機畜産はアニマルウェルフェアが中心となって展開してきた。日本有機農業学会会長（4代）の大山利男氏はEUでの有機畜産の発展の画期（要約）を次のようにまとめている（大山2017）。

1960〜70年代：アニマルウェルフェアの関心の高まり。
1980〜90年代：環境問題への関心の高まりと農業環境政策の展開、有機
　　　　　　　農業の普及拡大、粗放化プログラムと有機畜産の拡大
1990〜2000年代：BSE危機と有機畜産物への需要急増
2000〜10年代：アニマルウェルフェア法制の国際化、飼料自給の高まり
　　　　　　　（反GM）

　以上に見るように、EUにおいてはアニマルウェルフェアの進展が有機畜産の普及につながってきた。その普及を早めたのは1996年のBSEの発生と99年のダイオキシンによる飼料汚染であった。消費者の畜産物に対する危機意識が広まったのである。
　日本においては有機農業への関心は1970年代から高まった。しかし、有機畜産については、BSEの発生はあったものの英国での発生に比べ極めて少なく（2009年まで英国18万頭に対し日本36頭）（農水省2022）、牛肉消費の減退は起こったものの、そのことが有機牛肉などの有機畜産物への関心はもちろん、家畜飼養の在り方が問われるアニマルウェルフェアへの関心にはつながらなかった。

EUと日本の有機畜産の相違点

　有機畜産の考え方において、EUと日本との間には決定的な違いがある。すでに示したように第24回コーデックス総会のガイドラインでは、「有機家畜飼養の基本は、土地、植物と家畜の調和のとれた結びつきを発展させる」として、ガイドラインの付属書1「有機的生産の原則」の家畜と土地の関係において、（a）土壌の肥沃度の向上と維持、（b）放牧を通じた植生の管理が明記され、家畜と土地の結びつきを重視している（松木・永松2004）。そのためEUでの乳牛の飼育面積は1ha当たり0.8頭と余裕のある空間が確保されている（植木2021）。
　一方、日本の有機畜産物JAS規格ではそれらの記述は見当たらない。その

ことが、家畜と土地の関係は希薄になっており、野外の飼育場の最低面積は、「乳を生産することを目的として飼養する牛（成畜に限る）の家畜１頭当たりでは4.0㎡」である。これは畜舎での繋留から解放するだけの空間であり、飼料供給のための土地ではない。そのため「環境への負荷をできる限り低減して生産された飼料（有機畜産物JAS規格第２条）」は必ずしも自給飼料でなくてもよいことになり、「必ずしも産地を問わない有機飼料」とアニマルウェルフェアが結びついた特異な姿となっている。

　さらに、「畜舎の飼養面積は4.0㎡（繋ぎ飼いは1.8㎡）であり、野外飼育場と畜舎の面積を合わせると８㎡であることから、１haの飼養頭数は1,250頭（繋ぎ飼いは1,724頭）であり、EUの１ha当たり２頭に比べ、日本の有機畜産物JAS規定では超過密飼養となり、果たして持続可能で環境にやさしいと言えるのか」という疑問が呈されている（西尾2022）。

有機畜産と放牧

　有機畜産においても、慣行の畜産と同様、土地との関係が希薄であることから栄養摂取を目的とする放牧には有機畜産物JASは触れていない。その背景としては、日本では有機飼料の確保が現実的には困難であり、かつ運動を目的とする放牧スペースの確保も困難であった（大山2017）。しかし、有機畜産の大きなファクターであるアニマルウェルフェアにおいて、「開放式畜舎システムや放牧システムがより豊かな福祉ポテンシャルを持っている」（フィリップ・リンベリー 2004）ことから、放牧はアニマルウェルフェアの中心的位置を占めるものである。

　アニマルウェルフェアの基本概念は、家畜は単なる農産「物」ではなく、「感受性のある生命存在」として、アニマルウェルフェア畜産の原則として五つの自由（Five Freedoms）が世界動物保険機関（OIE）の方針となっている。五つの自由とは、

①　飢えと渇きからの自由（健康と活力のために必要な新鮮な水と飼料の給与）

6

② 不快からの自由（畜舎の快適な休息場などの適切な飼養環境の整備）
③ 痛み、傷、病気からの自由（予防あるいは救急診察および救急措置）
④ 正常行動発現の自由（十分な空間、適切な施設、同種の仲間の存在）
⑤ 恐怖や悲しみからの自由（心理的な苦しみを避ける飼育環境の確保および適切な待遇）

である（松木2016）。

　アニマルウェルフェアと放牧の関係について動物行動学の視点から佐藤衆介氏は5つの自由の観点から放牧の評価を行っている。

① 飢えと渇きからの自由：現在の家畜は「高増体、高泌乳、高産卵率になっているため高栄養飼料を限られたスペースの中で、短時間で摂取させなければならないが、放牧では対応できない」とし、反対に放牧によって「餌の栄養濃度を下げることで、満腹感を持たせながら生産スピードを若干落とすアニマルウェルフェア生産方式が作れる可能性もある」と指摘する。

② 不快からの自由：飼養環境を物理環境からみると、「アニマルウェルフェアに強く影響する環境要因は、飼育面積、床構造、温熱環境、ガス環境であるが、放牧によって大きく改善が可能である」と評価する。

③ 痛み、傷、病気からの自由：現在の乳牛の疾病は、「濃厚飼料多給と舎飼いとの関連が高く放牧によって一挙に解決できる」とし、「放牧特有の外傷や感染症の対策は採れる」と指摘する。

④ 正常行動発現の自由：「放牧方式は家畜の進化的に作られた習性（行動）を無意識的に全て発現させることができる優越した方式で、究極のエンリッチメント」と高く評価する。

⑤ 恐怖や悲しみからの自由：舎飼いにおける粗暴な管理が家畜の生産性を低下させる一方、放牧はヒトとの関係が希薄になるため「舎飼いを通した心理的関係形成が必要である」とする一方、「放牧によってスペース拡充が行われ仲間からの攻撃の制御にきわめて有効である」と指摘する。

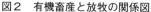
図２　有機畜産と放牧の関係図

　以上のように、「アニマルウェルフェア畜産は舎飼い方式に放牧を加味することで技術的に実現する」と放牧を高く評価する（佐藤2014）。

　そもそもEUを始めとして世界的なアニマルウェルフェアの進展は、舎飼いの究極の飼養方式である工場式畜産への否定を意味するものであり、集約的飼育からの解放が放牧である（P・ランベリー、I・オークショット2015）。さらに放牧によって有機飼料の提供も行われる。このことを図示したのが図２であり、放牧はアニマルウェルフェアの要件の大部分を満たすと同時に、有機濃厚飼料を除いた有機飼料の条件を満たしている。

　一方、放牧は永年草地の利用であることから、「土壌を常に被覆し、緊密な根系により土壌侵食と土壌流出を緩和する機能が高いこと、土壌の炭素貯留を高めること、水を貯留し洪水防止に寄与すること、など環境公共財を高める役割を担っている」ことから環境保全型の家畜飼養方式と言えよう（三田村2014）。

第2節　日本における有機畜産の展開と現状

日本におけるアニマルウェルフェアの展開

　日本はEUに比べアニマルウェルフェアに対する制度的な取り組みや消費者の意識の低さから遅れをとっているように思える。しかし、我が国における動物や家畜に対する配慮は長い歴史によって培われてきた。佐藤衆介氏は、「仏教の教えである慈悲心の実行として……（中略）……動物への慈悲である殺生禁断・放生政策は、わが国では1200年の歴史がある。このような歴史的背景によって、われわれ日本人は不殺生に偏重した「動物への配慮」思想を生み出した」としつつ、日本各地に「生ある全ての命への配慮」や「生態系を構成する全ての要素への畏敬と保全に通じる配慮」が存在している（佐藤2005）。

　日本における肉食が習慣化するのは明治期以降であり、それでも高度経済成長期までは大家畜は貴重な労働手段として大事にされてきた。獣医師の岡井健氏は「かつては治療の最中に牛が死亡すると、一家総出で悲しみ近所の農家が見舞いに集まって慰めたものである。農家は家畜を慈しみ、労り、感謝していたものである」と家畜が家族の一員であったことを記している。しかし、相次ぐ農畜産物の輸入自由化や大規模化によって、「経済的価値が著しく下落した家畜は、手間を掛け治療費をかけるレベルが急速に低くなったのである。特に大型農家では、乳牛の観察や病牛に対する看護が皆無に等しい状況になった」と、家畜への慈しみの心が喪失したと指摘する（岡井2018）。

　日本における畜産は高度経済成長期の基本法農政の選択的拡大の有力な分野として急成長してきたが、消費者にとっては畜産物は単なるスーパー等の店頭に並ぶ商品でしかなく畜産物の生産現場には無関心であった。BSE発生によって畜産現場に関心が持たれたものの、その後の口蹄疫や鳥インフルエ

ンザが発生しても全ての家畜は淘汰され、政府から「感染症による畜産物への影響は無い」ことが絶えずアナウンスされ消費者の生産現場への関心は低いままであった。酪農においても規模拡大がすすみ通年舎飼いが一般化する中で、農業団体や乳業メーカーが流す牛乳のテレビコマーシャルでは、絶えず放牧の風景が映し出され、あたかも放牧が通常の乳牛飼養方式であるかのような一種の"食品偽装"が行われてきたことも、畜産の生産現場や畜産物の品質への関心を消費者から遠ざけてきたと言えよう。

日本における有機畜産の現状

　日本における有機畜産の生産の現状を有機畜産JAS認証取得状況からみると、2021年11月時点で、有機飼料が全国で29件（うち北海道19件）、有機畜産物は全国で19件（北海道13件）と少なく、北海道が全国の３分の２を占める（荒木2022a）。これは北海道の冷涼な気候が有機飼料の生産を容易にしていることと、比較的広い放牧地を所有する農家が多いことからアニマルウェルフェアの実践が可能であることが背景としてあるが、まだ有機畜産農家は点的な存在である。

　日本初の有機酪農認証牧場は、千葉県の大地牧場であり、神奈川県のタカナシ乳業と協同で2000年に取得した。ただし当時は日本には有機畜産の認証制度はなく、認証機関は米国のQAI（Quality Assurance International）であった。QAIは全米統一有機牛乳基準NOP（National Organic Program）に従っているが、抗生物質、ホルモン剤の使用を認めていないため、疾病牛は淘汰を余儀なくさせられる。大地牧場では1992年から牧草の有機栽培が始められており、ふん尿は全量農地に還元されている（永松2004）。有機飼料は搾乳牛100頭に対して約30haの草地からの豊富な牧草（３haは放牧地）が給与され、輸入の有機乾草、有機トウモロコシ（粉砕）、有機大豆粕も給与されているものの、飼料自給率は70％と高い（山田2007）。

　本格的な有機酪農が出現するのは、2006年に有機畜産物JAS認証を日本で初めて受けた津別町有機酪農研究会である。同研究会では、自給飼料である

有機飼料用トウモロコシ（サイレージ）や有機牧草（サイレージ・乾草）の栽培により飼料自給率向上を図ってきた。さらに、2013年には興部町のノースプレインファームが、2019年には天塩町の宇野牧場が（荒木2021a）、それぞれ有機畜産物JAS規格を取得している。

　一方、農外からの参入も活発になっている。2020年には穀物会社のアグリシステムの子会社であるトカプチ更別農場が有機畜産物JAS規格を取得し（荒木2021b）、続いて2022年には別海町において「環境・エネルギー・食糧・健康分野」の多角的企業の㈱カネカが別海ウェルネスファームを設立し、さらに江別市では食品総合会社のUFI（UNITED FOODS INTERNATIONAL㈱）が地元の酪農法人と合弁で北のオーガニックファーム㈱を設立して有機牛乳を販売するなど（荒木2022b）、農外からの法人の有機牧場参加が出てきている。それらの経営概況を見たのが表1である（荒木2022a）。

表1　北海道における有機酪農経営の概要

	1	2	3	4	5	6
地区	オホーツク	留萌	オホーツク	石狩	上川	十勝
開始年時	2006	2019	2013	2021	2020	2020
企業形態	農家3戸1法人	株式会社（家族主体）	株式会社	株式会社	家族経営	株式会社（子会社）
経産牛頭数（頭）	242	70	50	85	32	4
面積（ha）	300	230	120	0	100	14
1頭面積（ha）	1.2	3.3	2.4	0	3.1	3.5
生産乳量	2,078（'18）	300	270	—	130	15
自給飼料	牧草・デントコーン	牧草	牧草、デントコーン	—	牧草	牧草
乳製品加工	牛乳	牛乳・プリン・ヨーグルト	牛乳、ヨーグルト、チーズ、発酵バター	牛乳	—	チーズ・ヨーグルト・牛乳
有機加工	大手乳業会社	自社	自社	乳業メーカー	—	自社
販売方法	大手乳業会社	北海道フェア（物産展）、問屋、道の駅、シンガポール、ネット販売	直売店、宅配、ホテル、航空会社、	大手スーパー全国の店店舗で販売	地元乳製品加工業者、レストラン	関連会社自然食品店、グループ会社社員販売

資料：荒木「有機畜産、放牧による100万haは可能か」（聞き取りによる）
注：No.1の数値は、法人設立前（2020年）の7戸の数値である。No.4は計画である（2021.11）

地域は道東、道北が多く、酪農の主産地の地域性を反映している。有機酪農（有機飼料を含む）の開始年次は全て2000年以降であり、特に2019年以降が４経営と新しい。企業形態は株式会社が多いが、No. 1は地区のグループ事例でもともと５農家の集まりであったが、２戸が離農し、３戸が新規参入し、さらに３戸が協業法人を作ったことで、現在１法人と３戸の個別経営のグループ（共同生乳出荷）となっている。

　飼養頭数は、No. 1の地区グループ経産牛242頭を除き、他は100頭以下である。No. 6は有機チーズ生産を目的としていることから４頭と小さい。経営耕地面積をみると家族経営のNo. 2とNo. 5および家族経営から発展した法人のNo. 3は100ha以上である。自給飼料は牧草とデントコーンである。No. 4は全て有機飼料は海外からの輸入で自給飼料は作っていない。乳製品加工はNo. 1、No. 5は行っておらず生乳販売のみで、No. 4は生産物の生乳は地元の乳業会社で加工、パッケージにして全国の大手スーパー店舗で全量販売を行っており、実質的には契約生産である。No. 2、No. 3、No. 6は牛乳のほかヨーグルト、チーズなどを作って自家販売を行っている。

　以上見るように、北海道の有機酪農の特徴は、2019年以降の開始が多いこと、企業形態は家族経営および１戸１法人の株式会社と農外産業からの参入が見られる。加工は３経営体が牛乳及び乳製品の製造を行っており、２経営体は牛乳のみで１経営体は行っていない。飼料面から大別すると自給飼料を基盤に家族経営と家族経営から展開した法人と輸入有機飼料を原料とした有機酪農会社の二つに大別される（荒木2020）。

　一方、北海道においては有機畜産物JAS認証を受けないものの、放牧を主体として実質的には有機酪農の内容を有する酪農場が次々に登場している。旭川市クリーマリー農夢、せたな町の村上牧場、中標津町・別海町のマイペース酪農グループ、足寄町の放牧酪農グループ、幕別町忠類地区の放牧グループ、全道各地で展開する新規就農者の放牧酪農グループである。

　さらに、最近は有機飼料JAS規格の取得農家が北海道で増加している。これは、農水省が2019年から有機畜産を本格的に補助対象とし出したためであ

る。「環境負荷軽減型酪農経営支援事業」において、第一段階において面積要件を満たした対象者に15,000円／haが支給されるが、さらに有機飼料生産への取り組みには３万円／haの加算が行われるようになった。しかし、これはあくまでも有機飼料を対象とするもので、有機畜産物を対象としていないため有機畜産物（牛乳）の生産拡大を意味するものではない。

農地の循環機能とアニマルウェルフェアにおける位置

　現代の日本における酪農の飼養方式を、循環機能とアニマルウェルフェアの観点から関係を見たのが図３である。循環機能は十分な自給飼料生産が行われかつ、ふん尿利用が農地に還元され、物質循環が機能している状態である。都府県の通年舎飼いおよび規模拡大が進んだ工場式畜産は、循環機能とアニマルウェルフェアは低い位置にある。一方、最も高いレベルにあるのは、完全自給の通年放牧で、配合飼料を給与せず、また化学肥料も投与しない。また年間を通して放牧を行うことでアニマルウェルフェアのレベルは高い（例えば、標茶町尾形牧場）。続いて有機畜産物JAS認証農場（全てが該当しているとは言えない）、適正規模放牧酪農（例えばマイペース酪農）は、放

図３　酪農経営方式による農地の循環機能と
　　　アニマルウェルフェアの関係図

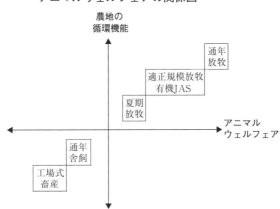

牧を主体としており循環機能およびアニマルウェルフェアのレベルは高い。

　今後、両者のレベルをどれだけ高めるかが日本酪農の課題である。

津別町有機酪農の日本の有機畜産における意義

　津別町の酪農家で構成される津別町有機酪農研究会は、我が国初の有機畜産物JAS規格認証を2006年に取得した。有機酪農の基礎になる放牧酪農への取り組みは、メンバーが1996年にニュージーランド研修に行ったことで放牧を導入してからである。その後、尿の浄化や河川の水質向上運動など環境問題への取り組みが有機酪農への取り組みにつながっている。従って、いきなり有機畜産物JAS認証を取得して有機酪農が完成したわけではなく、放牧の導入、地域での環境問題の取り組み、有機飼料栽培への取り組みなど地道な取り組みが有機畜産物生産の基礎になった。

　日本で初めてアメリカの有機酪農認証を受けたのは千葉県の大地牧場であるが、当時日本の有機認証がなかったからである。津別町有機酪農研究会も日本の有機畜産物JAS規格認証制度がスタートして有機畜産の認証取得が可能となった。認証を受けるまで津別町有機酪農研究会は、独自に海外の有機畜産の視察を行うことで情報収集を行ってきた。また、日本の有機畜産の弱点である有機飼料の栽培に取り組んできた。有機飼料用トウモロコシの試験栽培を2000年から取り組み、2004年には有機認証を取得している。さらに飼料自給率の向上を図るため濃厚飼料に近いイアコーン（トウモロコシの子実と芯および包皮を粉砕したもの）の生産を2010年から始め、さらに子実トウモロコシの委託生産を19年から本格的に初めている。そのことで、19年のTDN自給率は63％に達している。

　津別町の有機酪農の展開は、日本の家畜が土地から乖離したことで、有機畜産の弱点である有機飼料の自給率をいかに向上させるか、その取り組みの歴史と言っていいだろう。（荒木　和秋）

引用・参考文献

〔1〕荒木和秋（2021a）「消費地から離れた宗谷管内・㈱宇野牧場の挑戦」『DAIRYMAN』2021.11

〔2〕荒木和秋（2021b）「グループ会社と協力し自給有機飼料100％に」『DAIRYMAN』2021.4

〔3〕荒木和秋（2022a）「有機畜産、放牧による有機農業100万haは可能か」谷口・安藤・石井編著『日本農政の基本方向をめぐる論争点』農林統計協会2022。

〔4〕荒木和秋（2022b）「江別市の法人が東京圏の量販店向け有機生乳生産へ」『DAIRYMAN』2022.2

〔5〕石井圭一（2015）「ヨーロッパの有機農業」中島・大山・石井・金著『有機農業がひらく可能性』ミネルヴァ書房

〔6〕植木美希（2021）「みどりの食料システム戦略とアニマルウェルフェア」『どう考える？「みどりの食料システム戦略」』農文協ブックレット

〔7〕大山利男（2017）「有機畜産に問われる課題と論点」『有機農業研究』日本有機農業学会。

〔8〕岡井健（2018）「酪農の家畜福祉」松木編著『日本と世界のアニマルウェルフェア畜産・下巻』養賢堂

〔9〕佐藤衆介（2014）「放牧を加味したアニマルウェルフェア畜産の実現」矢部光保編著『草地農業の多面的機能とアニマルウェルフェア』筑波書房

〔10〕佐藤衆介（2005）『アニマルウェルフェア』東京大学出版会

〔11〕谷口吉光（2021）「有機農業を軸として日本農業全体を持続可能な方向に転換する」谷口編著『日本農業年報66　新基本計画はコロナの時代を見据えているか』農林統計協会、

〔12〕中島紀一（2011）『有機農業政策と農の再生』コモンズ

〔13〕中島紀一（2021）『「自然と共にある農業」への道を探る　有機農業・自然農法・小農制』筑波書房

〔14〕永松美希（2004）「乳業メーカーとの提携による日本初の有機認証牛乳」松木・永松編著『日本とEUの有機畜産』農文協

〔15〕西尾道徳（2022）「ここが変だよ日本の有機農業第4回」『現代農業』農文協

〔16〕農林水産省（2021）「有機畜産物の行程管理者ハンドブック」

〔17〕農林水産省（2022）「海外におけるBSEの発生について」農林水産省ホームページ

〔18〕フィリップ・リンベリー（2004）「食の安全と環境に直結する家畜福祉の改善」松木・永松編著『日本とEUの有機畜産』農文協

〔19〕フィリップ・リンベリー、イザベル・オークショット（2015）『ファーマゲドン』日経BP社

〔20〕松木洋一編著（2016）『日本と世界のアニマルウェルフェア畜産　上巻』。

〔21〕松木・永松編著（2004）『日本とEUの有機畜産—ファームアニマルウェルフェアの実際』農文協。

〔22〕三田村強（2014）「EUにおける草地農業のもつ多面的機能の特徴と支援政策」矢部光保編著『草地農業の多面的機能とアニマルウェルフェア』筑波書房

〔24〕山田明央（2007）「大地牧場における有機牛乳生産」『日本草地学会誌53（3）』。

〔25〕ルース・ハリソン（1979）『アニマル・マシーン—近代畜産にみる悲劇の主役たち—』講談社

第1章　有機生乳生産の取り組みとサポート体制

第1節　苦節10年を経て有機酪農を完成

環境保全型酪農に乳業会社が注目

　まず、何故有機酪農に取り組んだのか地域的事情と経営の状況を紹介する。

　私（山田照夫、72歳）は、現在、網走地域にある津別町の市街地に近い達美地区で51.4haの経営耕地面積（採草地19ha、放牧地6.5ha、飼料用とうもろこし25.9ha）で経産牛64頭、育成40頭を飼養している。すでに経営は息子（38歳）と嫁（38歳）に譲っているが、作業を妻（68歳）とともに手伝っている。

　津別町は中山間地にあり、沢地帯が多い自然条件のもとで、私は遠方に農地を求めて通い作を行い作業効率の悪い経費がかかる大変な酪農を行ってきた。どうもがいても沢地帯の地区が平坦で大規模な十勝に勝てる訳がなく、十勝に勝てるやり方はないかと常々考えていた。

　また、津別町では牛を増やし過ぎたことで糞尿問題が出てきた。津別町は網走川の支川が合流し美幌町、大空町を通って網走湖に流れ込み、さらにオホーツク海へとつながっている。網走川上流にはサケ、マスふ化場があり、山からの水と一緒に稚魚も下り、逆に成魚が網走川を登ってくる。そのため、河川が汚れて魚が獲れなくなると漁師は困ることから、漁師と農民が一緒になって網走地域の環境保全の取り組みを行ってきた（文末で補足）。

　私の牧場でも以前、ふん尿が雨が降れば100m先の川に流れたこともあり、「今のままでは酪農はできない」と思い糞尿処理対策に取り組んできた。まず取り組んだのが「ゆう水」で、これは特殊な発酵菌を使い曝気することで尿を浄化する方法である。このゆう水を堆厩肥に散布するとことで発酵が促進され、消臭効果も出てくる。堆厩肥は堆肥舎の中で切り返しを4回行い、完熟堆厩肥にするようにした。

　さらに、酪農経営の在り方を考え直すようになった。かつて配合飼料や地

18

域の畑作物の副産物を給与して個体乳量11,030kgを達成し、全道一になった
こともあった。しかし、濃厚飼料を多給する酪農は草食動物の牛にとっては
酷なやり方であった。20数年前にニュージーランドに行き、牛が放牧でゆっ
たりしている姿に刺激を受け、帰国後一緒に行った仲間とともに放牧に取り
組んできた。

　こうした環境保全の取り組みや放牧を行っている津別町の酪農に、明治乳
業（現、㈱明治、以下明治で略称）が注目してきた。津別町が候補地になっ
た理由は、放牧を実践する農家がいたこと、また「ゆう水」への取り組みや
堆肥舎を設置するなど環境保全農業を行っていたからであった。明治は、津
別町農協の組合長にオーガニック牛乳の取り組みができないか打診してきた。
そこで2000年に約20名で研究会を設立し、有機農業に挑戦することになった。

有機酪農技術の確立の経緯

　有機飼料の栽培はマニュアルがなかったため最初の3～4年は大変であった。
　そのため20戸いた会員は2～3年でどんどん止めて行き、最終的には5戸
になった。（写真1-1）
　そこで、毎年、問題点をピックアップしていった。冬には週に1回勉強会
を開き、そこにJA、町役場、普及所、
網走支庁（現オホーツク振興局）、北
見農業試験場が参加してくれ、多くの
ことを教えてくれた。また、当時、普
及センターは有機農業の指導する担当
者がいなかったことから、当時の道庁
の幹部に「道庁の指導機関が有機農業
の指導ができないとはどういうこと
だ」と陳情し、普及センターに有機農
業の指導員を配置してくれた。
　有機酪農の技術は、大きく有機飼料

写真1-1　オーガニック牛乳が製造さ
れた2006年9月の最初のメンバー
（左から今井義広、石川賢一、山田照夫、
清野久平、後藤憲司）

の栽培とアニマルウェルフェア（家畜福祉）があるが、特に除草剤を使わない有機飼料栽培の技術体系を開発することが大きな課題であった。

　それらの詳しい内容は後の節で普及センターの担当者が紹介してくれるので、ここでは私の経験を踏まえて有機飼料栽培体系のポイントを述べる。

　津別町の土質は、高台の火山灰と、平地は私の牧場を含め沖積土の黒土であるが、当時はpHが4.8前後であったことから酸度矯正から始めた。堆厩肥は、年に4回以上切り返して完熟にし、秋に散布した。そのほか、鶏糞300kg／10ａ、牛糞5トン／10ａを投入し、尿散布するなど有機質肥料の施用を徹底した。その結果、pH6.0〜6.8に急速に変わっていった。

　一般的には、pHを上げるために石灰（炭カル）を入れる方法があるが、土が固くなるという欠点がある。また、化学肥料や石灰に頼っていると雑草が増加する。特に、化学肥料はギシギシの良いエサ（養分）になるからである。

有機牧草と有機トウモロコシの栽培

　最初は、牛に給与する有機飼料は、自給飼料だけでは足りないため輸入濃厚飼料も使った。自給飼料では、有機牧草は比較的楽であった。チモシー主体の草地にハーバーマット（播種機）を使いマメ科の追播を徹底的にやった。さらにシロクローバーとの相性の良いペレニアルライグラスを入れた。ペレは、糖分が高く再生も良いため10日ぐらいの間隔で輪換放牧ができた。こうしてクローバー、ペレニアルライグラス、チモシーで構成される素晴らしい有機牧草地ができた。

　問題は、有機トウモロコシの栽培であった。2000年から一部の会員で試験栽培に取り組み、01年から全会員で試験栽培を開始し、02年には全圃場で取り組んだ。そして04年には全圃場で有機圃場の認証をとることができた。この間、除草剤が使えないため雑草対策に悩んだ。最初は会員の農家で雑草が繁茂していたことから、「そのうちあいつら潰れるから」という話が広がった。

　雑草対策のポイントはカルチベータによる中耕作業とそのための土づくりである。カルチ作業をしっかり行わないと雑草が繁茂する（写真1-2）。堆厩肥の施用で土が良くなると雑草が生えづらくなる。また、畑はできるだけ起こさないほうが良い。それは、土を微粒子状態にして柔らかくし、カルチベータの付属機のスプリングで雑草を引っ張ると簡単に抜ける（写真1-3）。そのため畑はプラウで起こさず、ディスクバインとハローで行う。プラウは手間がかかるうえ、土中の石を表面に拾いあげるからだ。

写真1-2　右がカルチ前、左がカルチ後、畦間の雑草は無くなっている。

写真1-3　カルチに株間輪とスプリングを使った除草。

　有機栽培開始当時、アカザがデントコーンと同じ太さになった時もあったが、その後、年々カルチを使った除草技術は向上させ、10年をかけて雑草防除体系を確立した。

有機の収量は慣行を抜く

　有機トウモロコシの栽培を始めた最初の2000年は惨憺たる結果で、トウモロコシが腰の高さまでにしか生育しなかった（写真1-4）。しかし、その後のカルチによる除草技術の向上により生育も改善され、高さが3m80cmまでなった年もあった（写真1-5）。10a当たり植栽本数は9,000本になるよう播種密度を高めた。会員の平均単収（乾物収量）は図1-1にみるように、全圃場で栽培した02年は慣行栽培の75％の水準であったが、

写真1-4　栽培最初の1年は惨憺たる結果に終わった。

写真1-5　8年目の09年は、4m近い高さになった。

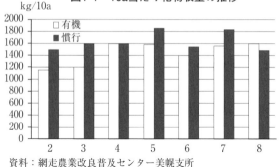

図1-1　10a当たり乾物収量の推移

資料：網走農業改良普及センター美幌支所

08年には慣行栽培の110％の水準となり慣行栽培を上回るまでになった。

　私の圃場でも8,000kgを達成することができた。しかし、12年以降、台風や干ばつの影響で単収は5,000k 〜 6,000kg台に落ちた。特に16年は複数の台風が直撃したことで4,632kgに減少した。

　その他、連作障害のためスス紋黒穂病などが発生したが、トウモロコシの種子を２年に１回変えることで解決できた。一方、病害虫の発生は有機栽培になってほぼなくなった。pHが高くなると虫が住みづらくなったと考えている。

　有機トウモロコシは、天候に恵まれれば慣行栽培に引けを取らない収量を十分確保できると思う。

欧米各国を視察し情報収集

　研究会５戸の酪農家は、有機酪農に取り組むことにしたが、当時は有機酪農に関する情報がなかった。そこで、先進地視察を行うことにし、まず2000年にヨーロッパを訪問した（表1-1）。メンバーは研究会の酪農家４人（今井義広、清野久平、後藤憲司、石川賢一）と農協担当者で明治乳業（現㈱明治）からの支援を受けた。デンマークでは放牧酪農家を、オランダでは有機酪農家の他、有機バターや有機チーズの加工場を視察した。そこで、共通して言われたことは、「有機酪農を始めると〝クレージー〟と言われる。日本

表1-1　有機酪農に関する主な取り組みと出来事

1999 年	デンマーク、オランダ、フランス有機酪農視察調査
2000 年	津別町有機酪農研究会発足
同年	有機 WCS 用とうもろこしの試験栽培開始
2005 年	アメリカ有機酪農視察調査
2006 年	イタリア有機酪農視察調査
2006 年 5 月	有機畜産物の認証取得（北農会）
2006 年 9 月	明治オーガニック牛乳発売
2007 年	第 13 回ホクレン夢大賞受賞
2008 年	第 5 回コープさっぽろ農業賞最優秀賞受賞
2010 年	農林水産祭「むらづくり部門」農林水産大臣賞
2014 年	センター設立（有機 TMR 供給開始）

でも覚悟しておいたほうが良い」という忠告だった。その後、自費でアメリカ、イタリア、ドイツを訪問した。

　アメリカでは製粉工場を見学し、その後、飼料会社を通してトウモロコシ、大豆粕などの有機飼料を輸入することになった。しかし、年々価格を引き上げてきたことから中国からの有機飼料の輸入を検討することになり、黒龍江省の有機農場を訪問した。人海戦術で栽培管理は徹底していたので輸入することにしたが、流通体制に不備があった。港ではフレコンバッグが野ざらし状態であったことからカビが発生し、牛が下痢をしたため、中国からの調達は止めることしにした。

アニマルウェルフェアを確立

　有機酪農の二つの柱のうちの一つがアニマルウェルフェア（家畜福祉）ある。アニマルウェルフェアは家畜の快適な生活を保障することである。そこで大きなウェイトを占めるのが放牧で、5 月初めから11月下旬まで行う。私の牧場では、冬でも毎日出している。牛舎では牛床にふんだん

写真1-6　毎日、通路に石灰を撒いた牛舎

に麦稈を敷くが、麦稈は堆肥をつくるためにも必要である。また、通路には滑り止めのため石灰を撒く。これは、牛舎の消毒にもなる（写真1-6）。牛舎で通年つなぎ飼いをしていると肢が腫れてボコボコになるが、放牧をすることで、健康なきれいな肢になり、また難産もなくなる。

医薬品については厳しい制限がある。例えば乾乳時の乳房炎軟膏は使用できない。また、予防的な医薬品の使用も禁止されている。医薬品の使用は、獣医師が判断し、使用した場合の休薬期間は慣行の倍の2週間である。

オーガニック牛乳の誕生とPR活動

このように、有機濃厚飼料の海外調達が可能になったこと、有機粗飼料の栽培とアニマルウェルフェアの技術体系ができあがったことから、06年5月には有機畜産物の認証（認証機関：（公財）北農会）を日本で初めて取得した。同年9月には、明治乳業から、「オーガニック牛乳」が発売された。明治乳業は、津別で集乳した生乳を札幌の工場に運んでオーガニック牛乳の製造を行った。この商品を取り扱ってくれたのがコープさっぽろであった。

しかし、価格は普通の牛乳の倍以上と高かったことから販売促進のため、私たちは毎年札幌に行ってPR活動を行った。佐藤多一町長は出張先で「オーガニック牛乳を飲んで下さい」と宣伝して回ってくれた。

私は酪農教育ファームの会員だったので、酪農場を一般に開放して有機酪農の紹介とオーガニック牛乳のPRも行った（写真1-7）。

夏には私の牧場で「牧場ジャズフェスティバル」を開いた。北見市などの近隣の市町村や道外から毎年300人の消費者が私の牧場を訪れ、食べ放題の焼き肉の提供や乗馬体験、バターづくり、搾乳体験など家族総出で取り組んだ。私は馬が好きでいつ

写真1-7　子供達に牛や牛乳について教えた教育ファーム学習

も6頭ほど飼い、網走管内の馬飼養を行うメンバーで「ゆめの里ゆう馬の会」をつくっていたので、その仲間が乗馬体験を手伝ってくれた。また、明治もオーガニック牛乳など沢山の乳製品を提供し応援してくれた。

町では千葉県船橋市と姉妹都市提携を結んでいたので、船橋市の小学生が父母同伴で1年毎に津別町を訪れており、私のところでも酪農の勉強に来た。

イアコーン栽培と細断型ロールベーラで自給率向上

オーガニック牛乳の販売が始まり有機酪農も軌道に乗ってきたが、最大の悩みは有機濃厚飼料の確保であった。当初は、価格の高いアメリカやカナダ産（トウモロコシ、大豆、ふすま）を使わざるをえず、しかも供給が不安定であった。そのため、飼料自給率をいかに高くするかが課題であった。そこで、私たち研究会メンバーが取り組んだのがイアコーンや大豆等の有機栽培であった。しかし大豆は圧ペンに加工しないと使えないことから中止した。

イアコーンは、トウモロコシの子実と包皮を含む雌穂（俵）部分のことである。10年の4haの栽培から開始し、翌年からは地域の有機畑作農家への委託栽培を始めた。最初は10a当たり10万円の粗収益の保障を行ったが、不作の年が続いたこともあり負担が増大したことで、現在は行っていない。15年には最大面積の47.5haになった（うち29.5haを委託）。19年は不作のため、研究会のメンバーのトウモロコシは全てWCS（ホールクロップサイレージ）にしたことで、イアコーン調製面積は委託のみの34.2haになった。

一方、有機自給飼料の利用率を高めるため、08年には細断型ロールベーラを導入した。バンカーサイロに貯蔵したグラスサイレージやトウモロコシサイレージは、気温が上がると徐々に傷んでくる。そこでロールに成形し被覆することで腐敗がなくなり生産した有機飼料を100％活用できる。5月から6月にかけて、細断型ロールベーラを研究会会員の農場に順番に持ち込み、全員が参加してロール成形と被覆作業を行った。

TMRセンターの設立で調製作業から解放

　有機配合飼料の調合は、最初はメンバーの一人の石川ファームで行っていた。有機濃厚飼料は飼料会社が運んでくれるものの、会社で有機認証の配合施設をもっていなかったことから石川ファームの施設で有機認証を取得せざるを得なかったからだ。有機配合飼料の調製作業は、研究会全員が石川ファームに1週間〜10日ごとに1回集まり作業を行っていた。コンクリートミキサー車で、有機栽培した牧草サイレージとトウモロコシサイレージに輸入有機飼料を調合し、出来上がった有機配合飼料をメンバーの個々人が運搬していた。しかし、利用量が増大することで労力的な負担が増してきた。

　そこで、研究会の会員の労力負担を軽減するため、TMRセンターを設立することにした。私は、津別町TMRセンター設立協議会代表となり14年の完成まで務めた。TMRセンターは12月から稼働した。TMRセンターができたことで有機飼料調製に1回5時間かかっていた労働から解放され、飼養管理に集中することができるようになった。

　有機飼料の生産工程の厳しい認証があるため、センターではバンカーサイロはもちろん、使用機械も慣行栽培と別にしている。そのため、有機、慣行それぞれ2セットの機械装備が必要になった。

　センターを設立してからも細断型ロールベーラを活用した。委託生産したイアコーンは細断型ロールベーラによって調製されセンターに運ばれる。この機械で梱包するとアルコール発酵が起き嗜好性が高くなる。しかし、作業効率が良くないことから、最近はより作業効率の良いバンカーサイロでの貯蔵比率が高くなっている。

農林水産祭で農水大臣賞受賞

　オーガニック牛乳が発売されると、有機酪農の取り組みに注目が集まるようになり、第13回ホクレン夢大賞、第5回コープさっぽろ賞（道知事賞）を受賞した。コープさっぽろ賞でもらった100万円の有効な活用方法はないか

研究会会員で検討した。最終的には自
分達では分けず、町に寄付をすること
にした。それに合わせて、町に学校給
食にオーガニック牛乳を出してもらう
ことを要請し、1週間に1回の小学校
の給食に出してくれることになった。
子供たちは全部飲んで、残すことはな
かったそうだ。「甘さやのど越しの良
さが子供達に受けている」、「価格の高

写真1-8　麻生首相と総理官邸にて

い高品質の牛乳だから親が残さず飲むよう言っている」という話も伝わって
きた。

　受賞実績が評価され08年12月には北海道庁からの推薦を受けて総理官邸に
呼ばれ「立ち上がる農山漁村」有識者会議に出席し、オーガニック牛乳の生
産までの経緯を紹介した。5分間のスピーチのあと、麻生太郎首相（当時）
からは、「俺も有機農業には詳しいんだ」と声を掛けられ、話が盛り上がっ
た（写真1-8）。10年には、農林水産祭の「むらづくり部門」で農林水産大
臣賞を受賞し、津別町の有機酪農が全国的に知られるようになった。

有機酪農の成功理由と課題

　現在の研究会は、後継者がいなかった1戸がやめたが、3戸が加わり7戸
になった。また、今後の生産体制を考えて、3戸が法人経営を設立した。

　ただ気がかりなのは、最初の5戸が築き上げてきた有機酪農の苦労が、新
たに初めた人や若い人にはやや薄れてきているようだ。有機酪農の技術体系
が完成し、マニュアル通りに行えば初年度から当たり前に有機トウモロコシ
が収穫できる。そのため、次世代に有機農業、有機畜産の理念を伝えていく
のが、今後の私の使命と考えている。

　オーガニック牛乳の誕生には、私たち5人の会員の有機飼料栽培体系確立
までの苦労があったが、農協、普及センター、明治をはじめとした各機関、

組織の支援がなかったら成功はしなかった。

　関係機関の皆様方には深く感謝申し上げます。

（補足説明：網走川流域での農業と漁業の持続的発展の取り組み）

　2010年11月に津別町農協と網走漁協で「網走川流域での農業と漁業の持続的発展に向けた共同宣言」の調印式を行った。それに基づいて農民と漁師の交流が行われ、秋の収穫祭では、津別町の農産物と大空町、網走市のサケ、ホタテ、シジミが提供されて、参加者が秋の味覚を堪能している。また、毎年、津別町の山に300～500本の植林を行い、また山の奥まで秋アジが来ているか確認も行うなど、網走地域が一体となって環境保全に取り組んでいる。

（山田　照夫）

第2節　農協は有機酪農家をいかに支援したか

経営の再生産を保障する有機乳価へ

　1990年代に乳価が低迷し、経営安定に向け規模拡大路線が主流となるなか、津別町では家族経営を柱に放牧や環境対策に取り組む一方、乳質改善にも取り組み全道トップクラスの成果を上げるようになった。

　当時、欧米では動物福祉の観点から有機牛乳市場が成長しており、明治乳業㈱（現・㈱明治）は日本でも有機牛乳市場が成長すると考え、有機牛乳生産プロジェクトを開始した。意識の高い産地として津別町酪農振興会に白羽の矢が立ち、2000年4月に20戸の振興会員が有機酪農研究会を設立し、会員の一部は有機栽培試験を始めた。

　筆者は当時、農協の購買担当であった。畑作農家でも有機農業のハードルは高く、酪農家が除草剤を使用せずカルチベータを使って除草し、飼料作物の有機栽培体系を確立するのは難しいだろうと冷ややかな目で見られていた。

　02年には全圃場を有機栽培に転換したが、その時点では会員は8戸まで減少していた。03年にJAS有機農産物圃場として認証を取得し、05年には濃厚飼料（購入）も有機に転換した。さらに会員は5戸になった。筆者は03年4月に人事異動により15年ぶりに畜産担当となり、有機酪農研究会の3代目事務局の役割を担うことになった。最初の仕事は土壌分析結果を踏まえた有機質肥料と堆肥の購入であった。

　当時は飼料不足による購入飼料費の増加や乳価低迷で経営は圧迫され、このままでは有機酪農は継続できないし、息子にも継がせられない、といった切実な声が寄せられるなど厳しい状況であった。

　そうした中、明治乳業に要請を行った。研究会から山田照夫会長（現・顧問）、石川副会長（現・会長）、事務局が、同社北海道酪農事務所の木島俊行

所長（現・㈱明治常務執行役員）と多田佳由課長（現・日本缶詰株式会社）と会い、団体交渉ならぬプレミアム乳価交渉を行った。提案された乳価を受け、他の会員が待つ別室で協議を幾度となく繰り返すやり方であった。当初は会員8戸の生産原価の半分程度の乳価を示されたが、最終的には有機転換という環境変化のリスク分も上乗せした「再生産可能な水準を支払うことを重視した乳価」を提示してもらい、それを了承した。しかし、それでも経営的に厳しい会員もおり、これで了承してよいのかと苦慮したことは今でも忘れられない。

有機牛乳販売にこぎつける

「明治オーガニック牛乳」の発売は06年からであったが、明治乳業は05年4月からプレミアム乳価を適用するなどオーガニック牛乳の実現に向けた強い意志を示し、われわれもその思いを感じ取った。その後、明治に有機担当の専属課長が配置されたことも会員にとって心強いものであった。表1-2に示した通り、05年4月から1年間、認証取得に向けた活動を活発に行った。

プレミアム乳価での出荷は始まったものの、有機畜産物日本農林規格の施行が遅れ、さらに登録認定機関も民間に移行する制度に変更された。登録認定機関である（公財）北農会の登録取得に合わせ、06年4月27日に現地認定審査が行われ、最終的に06年5月25日、5戸がJAS有機畜産物の認証を取得した。同時に明治乳業札幌工場も有機加工食品の認証を受け、オーガニック牛乳が発売されたのは06年9月25日であった。まずは北海道限定商品として、生活協同組合コープさっぽろが宅配を含め先行販売し、その後は全道の同組合約100店舗に拡大展開された。

札幌工場と津別町は300km以上も離れていることから、集送乳運転手の長距離運転、冬場の高速道路や国道の通行止め時の対応、集荷してからの工場搬入までの時間の問題があった。さらに集送乳事業における北海道基準を有機転換するのに、一般酪農家への負担をどう回避するかも難しい課題であった。またこれまでの配乳先である森永乳業㈱佐呂間工場以上の距離分の負担

表 1-2　JAS 有機畜産物認証取得に関連した活動の経過（2005〜2006 年）

年月日	活動内容	年月日	活動内容
2005 年 4 月 25 日	第 6 回通常総会	10 月 18〜19 日	北大現地調査
5 月 11 日	全体会議	10 月 26〜28 日	酪農学園大学荒木教授訪問
5 月 23 日	体細胞検査毎日開始	11 月 12〜20 日	海外視察　アメリカ有機飼料
5 月 25 日	支援連絡会議、水調査採取日	11 月 30 日	有機酪農環境調査
6 月 1〜2 日	経営診断調査	12 月 12 日	有機飼料分析提出日
6 月 7 日	搾乳立会	12 月 15 日	アメリカ視察報告会
6 月 9 日	支援連絡会議（山田・石川）	12 月 22 日	有機堆肥環境調査
6 月 20 日	牧草収量調査、テントコーン生育	2006 年 1 月 18 日	北大研究発表会
6 月 22 日	全体会議	1 月 23 日	北農会有機認証打合せ
6 月 23 日	有機酪農ホクレン打合せ	1 月 23 日	畜産協会・ホクレン・道庁訪問
7 月 5〜6 日	明治乳業現地確認、意見交換	1 月 27 日	支援連絡会議
7 月 8 日	支援連絡会議	2 月 1 日	女性研修会
7 月 20 日	有機酪農牧場検査	2 月 10 日	支援連絡会議
7 月 25〜26 日	搾乳手順環境調査	2 月 28 日	全体会議（HACCP ほか）
7 月 27 日	支援連絡会議	3 月 7 日	畜産協会経営診断講評
7 月 28 日	有機酪農女性、研修生研修会	3 月 9 日	有機畜産物生産者等研修会
8 月 23 日	全体会議（雨のため生育調査中止）	3 月 10 日	北農会総会
8 月 24 日	明治商品パッケージ、企画打合せ	3 月 13 日	支援連絡会議
9 月 5 日	コープさっぽろ視察協議会	3 月 24 日	北農会生産行程管理者講習会
9 月 6 日	北農会現地調査	3 月 27 日	全体会議、H18 試験場試験打合せ
9 月 15 日	デントコーン収量調査	4 月 6 日	有機 JAS 認定生産者申請書作成
10 月 10 日	明治札幌工場試験配送	4 月 7 日	有機畜産 JAS 認定申請書提出
10 月 17 日	土壌採取、アメリカ視察打合せ	4 月 21 日	有機酪農研究会会議

をどうするのかなど、集送乳会社やホクレン北見支所酪農課との調整・協議を重ねた。明治乳業の負担区分をどうするのかも大きなポイントであった。

乳質向上に努め農業大賞を受賞

　生産者にとっては、良質乳の出荷は絶対条件であることから、体細胞数の独自基準を10万／mℓ以下と定め、毎回集荷するたびに体細胞検査を実施した。農協は費用の一部を助成し、基準値超過が続く場合は、担当職員が農家に出向き原因を追求し、早期改善に向け指導を行った。

　07年にホクレン夢大賞へ応募したところ、優秀賞を受賞した。受賞と牛乳販売を記念し、津別町公民館において町民への報告会を開催した。同時に貫田圭一シェフによる講演を行ったが、貫田シェフから「オーガニック牛乳を使ったカフェラテは日本一」と評価されたことが印象に残った。

事務局としては最優秀賞を逃した無念さもあり、08年、第5回コープさっぽろ農業大賞に応募し、見事「農業大賞　北海道知事賞」に輝いた（写真1-9）。副賞の賞金100万円の使い道について会員間で協議を行った結果、「地元の子どもたちにオーガニック牛乳を学校給食で飲んでほしい」との思いから、給食センターの飲用設備費用

写真1-9　コープさっぽろ農業大賞の現地審査

として全額寄付した会員達の心意気に感心した。

有機JAS認証取得の取り組み

　2000年に研究会が設立されて以降、農協は町、明治乳業、農業改良普及センターなどと共に、主に①粗飼料の有機栽培転換、②有機酪農飼養体系の確立、③有機生産工程の確立——を継続的にサポートしてきた。農協の役割はJAS有機規格制定に向けた情報収集と、最大の難関でもあった認証に向けた有機畜産物生産工程管理の作成であった。

　03年には北見農業試験場なども加えた支援連絡会議を立ち上げ、網走家畜保健衛生所から細かな項目が設定され、農協は生産工程管理作成担当を分担した。その内容を研究会の会議で協議し、会員からの聞き取りを踏まえ修正していった。

　日本で前例のない困難な課題を成し遂げようと、膨大な生産工程管理表のガイドラインの作成の取りまとめ役と、連絡会議メンバーの調整役をこなしながら認証作業を進めていった。また、研究会会員との密接なコミュニケーションと総合的な後方支援の役目も重要であった。

海外視察による情報収集

　日本において有機酪農の情報がない中、海外での有機酪農、粗飼料、放牧

などを視察することにも重点を置き、筆者もそのほとんどに同行した。04年にドイツの先進牧場を、05年に有機濃厚飼料の供給元であるアメリカの有機飼料工場や農家をそれぞれ視察した。06年のイタリア有機酪農視察には初めて会員全員が参加した（写真1-10）。07年には当時の後継者も含めたフランス研修、08年には女性会員によるニュージーランド研修を実施した。視察・

写真1-10　イタリアにおける青刈りトウモロコシの有機圃場。これを見て有機酪農に確信を持てた。

研修には筆者以外の畜産担当職員も参加し、負担は大きかったと思うが、生産者と共に知識を吸収する中で、会員個々の悩みに寄り添える関係を築くことができるようになったと思う。

首都圏販売と有機牛肉の認証取得

　オーガニック牛乳の販売拡大に向け、1991年からJAつべつと畑作物の取引がある首都圏で宅配事業などを展開する東都生協と協議を開始した。同生協は安全・安心な牛乳に対する役職員や組合員の思いが強かった。明治乳業の製造段階でのハードルも高かったが、札幌工場での製品引き渡しを条件に15年9月から供給にこぎ着けた。道外供給への実現に当たっては、北海道からの物流の課題をホクレン輸送課の協力でクリアするなど農協系統組織の支援が大きかったと考えている。

　08年11月には日本で初めて牛肉の有機畜産物認証を取得した。これは山田前会長（現顧問）から提案されていたことで、当初は雄子牛を肥育することを検討したが、有機濃厚飼料の価格が高く、和牛の肉値を超えるコストであったことから経産牛（廃用）を対象にした。

　きっかけは東都生協の畜産部門会議に出席したことであった。会議終了後の会食時に交わした何気ないやり取りの中で「有機牛肉の販売はできない

か」と話したところ、すぐにオーガニック食品を販売する徳島県の光食品㈱に話をつなげてくれた。そこから協議を重ね、最難関であったと畜場の問題については㈱北海道畜産公社北見事業所の全面的な協力を受け、日本で初の有機畜産物JAS認証を取得できた。第一弾として光食品から「有機ミートソース」が発売され、農協でも「有機ビーフカレー」を商品化した。

関係機関の協力に感謝

農協では、第7次農業振興計画（2010〜12年）で、「津別農業の目指す姿」として、「エコ農業と豊かな農村空間」を掲げ、有機農業をさらに加速化させていく方針を示した。

現在、会員は7戸に増え、そのうち3戸が生産拡大に向け協業法人を設立するなど、石川会長のもとオーガニック飼料の自給率100％という目標達成に向け、意欲を新たにしている。2020年度農林水産祭畜産部門で、㈲石川ファームが日本農業界で最高位の天皇杯を受賞した。筆者は担当を離れたものの20年に及ぶ会員の活動を誇らしく思っている。

オーガニック牛乳の商品化が実現できたのは、明治乳業（㈱明治）をはじめ、津別町、オホーツク総合振興局、網走農業改良普及センター美幌支所、網走家畜保健衛生所、北見農業試験場、明治飼料㈱、北海道大学、東京大学などの歴代担当者および関係者の協力があってこそで、改めて感謝申し上げたい。

発売直後に筆者が会員にかけた言葉がある。それをもう一度最後に言わせていただきたい。「普通の人なら厳しい経営環境で断念したでしょう。それを乗り切った5人は本当にすごいことを成し遂げましたね」。（清水　則孝）

第3節　生産者と連携しオーガニック牛乳を発売

新たな価値の牛乳を模索

　㈱明治（当時明治乳業㈱）がオーガニック牛乳の製品化の検討を始めたのは1997年ごろで、その背景には欧米でのオーガニック農産物市場の拡大や、国内における環境問題に対する意識の高まりがあった。われわれ乳業メーカーは直接農業に携わっているわけではないので、商品を通じてお客さまの求める「牛乳の価値」を提供したいと常々考えていた。

　生産地の選定に当たり、全国で検討が行われ、筆者も当時の本州の担当地域で生産の可能性を模索したが色よい返事はもらえなかった。理由は「自分たちは今も厳しい基準の中で良質生乳の生産に努力している。オーガニック酪農は慣行酪農を否定するものではないか」「デントコーンを無農薬・無化学肥料で栽培することは無理だと思う」といったものであった。

　一方、北海道では当時の当社の道東地区担当課長が、上司から「新たな生乳の価値を考えろ」と指示を受け、奔走していた。その上司に目算がなかったわけでなく、有用微生物を利用した溶液（通称「ゆう水」）を活用する糞尿処理システム（今でいう持続可能な農業へのアプローチ）を導入していた津別町の取り組みに注目していた。

　網走川水系の水質汚染防止に向けたこの活動は、耕種農家とも連携するなど地域ぐるみで進められており、当社はこれらの点を評価して、津別町にオーガニック牛乳生産の可能性を見いだし、地元津別町農協にオーガニック牛乳の生産を打診するに至った。

リーダーとの劇的な出会い

　筆者は、津別町有機酪農研究会初代会長の山田照夫さんとの出会いに劇的なものを感じた。山田さんは当社の思いを理解した上で、打診を快諾された。

そこからオーガニック酪農の確立を目指し、まず有機農法での自給飼料栽培の研究が始まった。

　山田さんは良い意味でロマンチストである一方、慣行農法においても優秀な技術を持つ篤農家でもあった。そうした人材がリーダーとして研究会をけん引し、山田さんを含む5戸の研究会会員が、損得抜きで純粋に技術確立にまい進したことがオーガニック酪農の成功につながったと確信している。

　われわれは、これから述べる津別町有機酪農研究会との取り組みを通じて、「この取り組みを商品という形で世の中に提供し広く伝えたい」と改めて感じていた。

海外を参考に津別版有機生産工程を構築

　「オーガニック農業」を分かりやすく説明するのは難しい。あえて要約すると、化学肥料の発明や化学合成農薬の普及、大型農業機械の導入など、近代的な農業技術の発達に伴う弊害（砂漠化・地下水の水質汚染など）に対する反省から生まれた「土地（＝土壌）の持つ力を生かす低投入型農業」と定義付けられよう。加えて酪農には家畜のオーガニック的な扱いが求められる。いわゆるアニマルウエルフェア（家畜福祉）に基づく飼養管理である。

　今では日本農林規格（JAS）の「有機畜産物の生産工程管理者ハンドブック」に有機酪農の指針が書かれているが、当時は法整備前であり、海外の有機酪農認証基準を勉強しながら、津別版の有機生産工程をつくり上げる作業をサポートした。

　例えば「野外の飼育場への自由なアクセス」についての生産工程を考えた時は、「そもそもつなぎ牛舎で自由なアクセスはできるのか」「つなぎ牛舎が認められないなら、津別で有機酪農なんて無理だろう」「まずは日本の主流であるつなぎ牛舎はオーガニックの理念には反しないとの考えに立とう」などの意見が出た。

　さらに「最低限、給餌後の昼夜放牧は必要だろう」「しかし厳冬期や大雨の時はどうする」「そうした場合牛が快適であると思われないため動物福祉の理念に反しているから舎飼いでよいとしよう」などと、研究会メンバーと関係機関が議論を重ね、一つ一つの項目の内容を決めていった。議論に参加した全員が頭の中に「これは有機農業の理念に適っているのか」という「物差し」を持ち、生産工程をつくり上げていったわけである。

海外視察で有機飼料確保を確信

　先進地の生産現場を見なければ始まらないという研究会の思いを受け、海外先視察の支援も行なった。筆者が担当の時はドイツに行ったが、日本でもよく見られる規模の家族経営が有機酪農を実践する姿を見て、「これなら津別でもできるのでは」との意を強くした。まさに「百聞は一見に如（し）かず」である。例えば、豆類も栽培する視察先の酪農家は収穫した豆を丸粒で備蓄し、粉砕機を搭載したトラックが定期的に農家を巡回し、必要な分だけ粉砕するというやり方で供給しており、「津別でもこれができるのなら、飼料自給率100％も可能」と感じた。今のイアコーン栽培の考えにつながる経験といえる。

　ドイツの有機酪農家は豆類以外にも濃厚飼料を栽培していたが、当時の津別ではそれは望むべくもなく、購入飼料の調達が必要であった。とりあえず「コーンと大豆粕があれば何とかなるだろう」との考えで、調達への模索が始まった。幸いにもグループ会社である明治飼糧㈱のサポートもあり、商社経由で海外産の有機穀類を調達できた。確か価格はコーンが150円／kg程度と高かったことから、低投入型農業を実現しオーガニック牛乳を消費者に身近なものにするには、飼料自給率の向上を含めたコストダウンが必要だと痛感した。

経済的な裏付けも不可欠

　オーガニック酪農を始める際に最も大きな障壁になるのは、「圃場の有機

化に必要な2年間の転換期間」だと考える。単に「もうかりそうだから」といった安易な動機で転換を成し遂げることはできず、理念の実現に向けた高い志が必要である。

とはいえ、霞（かすみ）を食べて生きることはできないという現実もあり、経済的な裏付けも不可欠である。津別のオーガニック牛乳が成功した要因として、有機転換までの経済的な支援と転換後の製品化が確約されていたことが挙げられる。

研究会のメンバーは圃場や労働力を惜しげもなくオーガニック栽培の研究のため提供してくれた。当社がその全てを「研究費」として助成したわけではないが、金銭的な支援を行ったことは事実で、また有機転換後に直ちにオーガニック牛乳を製品化したことで生産者に一定のサポートができたと考えている。

製品化が近づくにつれ、買入乳価をどのように設定するかが大きな問題になった。乳価の設定は、「生産コストの積み上げ」という「川上の理屈」と「適正な（売れる）小売価格」という「川下の理屈」のせめぎ合いでもある。しかし、当社は再生産可能な乳価を支払うことを重視して商品価格を設定した。

時代が津別に追いついてきた

津別町で始まったオーガニック牛乳生産の取り組みが成功したのは、JAや地元関係機関（農業改良普及センター・家畜保健衛生所・網走支庁〈当時〉）などによる献身的な支援を受けられたことも大きかったと思う。有機畜産物の日本農林規格ができる前であり、05年の制定に合わせて自分たちの有機酪農の基準を合致させる時間的余裕があったことも幸いした。そして、06年にJAS有機畜産物の認証を取得し同年、「明治オーガニック牛乳」を発売できた（写真1-11）。

発売以来15年を経過した「明治オーガニック牛乳」の売り上げは「コアなお客さまに支えられて堅調に販売を続けている」という状況で、大ヒット商

品というわけではない。その理由として、①他の牛乳より一段高い価格設定を維持している、②もともと原料に限りがあり、大胆な販売拡大施策が取りにくいこと——などが考えられる。

写真1-11　現在の明治オーガニック牛乳（900㎖）

　オーガニック牛乳に興味を持つ人は少なくないものの、販売には直結しにくいという問題を抱えている。とはいえ、今の酪農・乳業を取り巻く情勢を見ると、「持続可能な農業」が求められるようになり、「ようやく時代が津別に追い付いてきた」ともいえる状況になったと感じている。また、研究会のメンバーは、有機認証の取得と製品の発売を成し遂げた後も、理念を追求する歩みを止めていない。「飼料自給率100％達成」も一例で、今後研究会が目指す目的地の先に日本独自の有機酪農のスタンダードが確立されていくと確信している。

　改めてこれまでの研究会の歩みを振り返ると、慣行農法に比べ極めて制限が多いオーガニック農法の理念を理解し、生産工程を作り上げ、理念に沿って農業技術を習得していったことが、成功の礎になったのだと思う。

　津別町有機酪農研究会のメンバーは、現在も日本で唯一「生産グループ」として有機酪農を実践しているが、スタートから国内にお手本となるものがほとんどない中で、試行錯誤しながら理念と技術を確立し、ついに有機酪農の生産体系の実現に成功した。

　当社はこれからも津別町有機酪農研究会の良きパートナーとして、引き続き「良質」で「おいしい」明治オーガニック牛乳の販売拡大に努めていこうと考えている。（多田　佳由）

第 2 章　有機酪農の技術開発と支援体制

第1節　有機飼料栽培と有機飼養管理体系確立の支援
―設立後10年間の取り組み―

有機酪農研究会への支援体制と取り組み内容

　2000年に津別町有機酪農研究会（以下、研究会）が設立された。津別町農協、町、明治乳業（現、㈱明治）、網走支庁美幌地区農業改良普及センター（現：オホーツク総合振興局網走農業改良普及センター美幌支所）などは研究会に対して継続的に支援してきた（図2-1）。03年には課題解決に向け、試験場などを加えて支援連絡会議（サポートチーム）を結成し、役割分担して取り組む体制を確立した。その後、家畜保健衛生所、大学、コンサルタントなどの調査研究機関などが加わり、総合的に支援する体制が構築された（表2-1）。

　普及センターでは、2000年に研究会のニーズを把握し、課題を洗い出して、生乳の高品質・高付加価値化を目指した酪農経営の計画立案・支援を行った（図2-2）。

　その中で、有機牛乳の生産実現に向けた課題としては、①有機粗飼料の減収対策、②有機に対応した乳牛の飼養方法、③有機に対応した農場環境の整備、④生産工程管理の確立、履歴の記帳、⑤個々の経営の所得確保、などであった（表2-2）。

　これらの中で、有機牛乳の生産には無農薬・無化学肥料による粗飼料栽培

図2-1　関係機関との協力・連携図

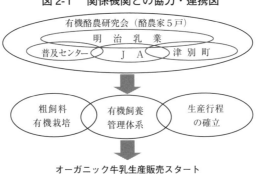

有機酪農研究会（酪農家5戸）
明　治　乳　業
普及センター　　J　A　　津別町

粗飼料
有機栽培　　有機飼養
管理体系　　生産行程
の確立

オーガニック牛乳生産販売スタート

表 2-1　支援機関と支援内容

支援機関	主な支援活動
JA	事務局、会議の開催、認証申請事務、計画書作成、包括的支援
町	各種事業の提案導入、町営育成牧場の有機化
普及センター	栽培に関する情報提供、生育・収量調査、環境・乳質改善支援
乳業メーカー	現地調査支援、生産行程作成、研究費の助成
支庁	HACCP 手法導入支援、各種情報提供、環境整備指導
家畜衛生保健所	HACCP 手法導入支援、内部規定作成、乳牛血液検査
試験所	新栽培技術の現地試験、収量調査時研修会
大学	有機酪農転換によるコスト・環境負荷に関する調査研究

図2-2　有機酪農研究会の活動経過

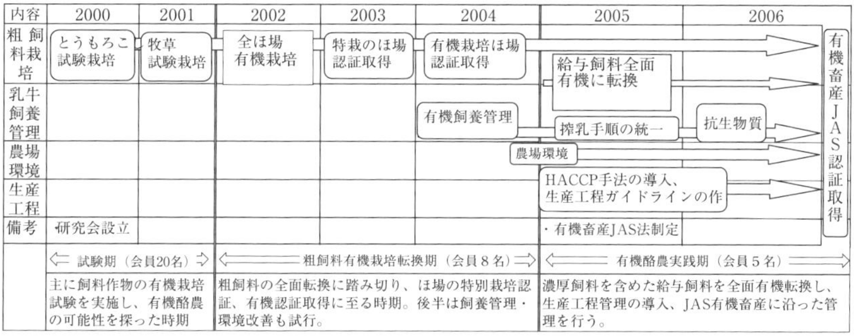

内容	2000	2001	2002	2003	2004	2005	2006	
粗飼料栽培	とうもろこし試験栽培	牧草試験栽培	全ほ場有機栽培	特栽のほ場認証取得	有機栽培ほ場認証取得	給与飼料全面有機に転換		有機畜産JAS認証取得
乳牛飼養管理					有機飼養管理	搾乳手順の統一　抗生物質		
農場環境					農場環境			
生産工程						HACCP手法の導入、生産工程ガイドラインの作		
備考	研究会設立					・有機畜産JAS法制定		

試験期（会員20名）	粗飼料有機栽培転換期（会員8名）	有機酪農実践期（会員5名）
主に飼料作物の有機栽培試験を実施し、有機酪農の可能性を探った時期	粗飼料の全面転換に踏み切り、ほ場の特別栽培認証、有機認証取得に至る時期。後半は飼養管理・環境改善も試行。	濃厚飼料を含めた給与飼料を全面有機転換し、生産工程管理の導入、JAS有機畜産に沿った管理を行う。

表 2-2　関係機関の支援課題と活動

課 題 と 目 標	年度	具 体 的 活 動
粗飼料収量減収対策 ・収量の安定確保 　（慣行比 100％）	2000〜	①土壌分析結果を用いた各農家・ほ場ごとの堆きゅう肥・有機質肥料の施用量提案 ②草地へのマメ科牧草追播の提案と追播技術の情報提供 ③収量調査を基にした施肥技術の改善
有機に対応した乳牛飼養方法 ・疾病の早期発見、治療	2004〜	①乳房炎防除、体細胞数削減のため、搾乳立会を行い、搾乳手順を統一し、乳質管理工程表を提案 ②出荷日毎の生乳検査体制の協議・提案
有機に対応した農場環境の整備 ・牛舎及び周辺の環境改善	2004〜	①環境チェック表を作成し、関係機関と共に巡回指導を実施して改善事項を提案 ②特にふん尿処理、牛舎内衛生改善の徹底
生産工程の確立、履歴の記帳 ・生産工程ガイドラインの 　作成と準拠	2005〜	①家畜保健衛生所と協力し、農場HACCPの手法を取り入れて、衛生管理表を作成した。 ②支援連絡会議で役割分担し、研究会の生産工程を確立した。普及センターは主に衛生管理記録表、乳質管理、飼料給与体系などを担当。
自給率 100％に向けた取組支援 ・自給飼料の農家間利用確立 ・新たな作物、収穫体系導入	2007〜	①各農家の飼料作物過不足面積を調査し、農業・畜産試験場と協力し、粗飼料の補完システムを構築した。 ②有機大豆・穀物の有機栽培試験を実施し自給率向上に向けた新たな飼料栽培を模索した。

が不可欠であったことから、まず粗飼料の収量・品質を安定的に確保することに重点を置いた。普及センターは栽培に関する情報提供を行うとともに、生育・収量・土壌調査、環境・乳質改善などの支援を行った。これらの取り組み内容と経過を以下に示す。

有機トウモロコシ栽培で試行錯誤を行う

有機畜産JASの制定前から、有機畑作物のJAS認証基準は存在していたため、研究会では、まず飼料作物飼料用（トウモロコシ及び牧草）の有機栽培認証を取得することを目指した。

2000年から、除草剤・化学肥料を使用しない有機栽培と慣行栽培の実証試験を実施した。

トウモロコシは実証試験開始当初、収量が平均で慣行栽培の6割程度となり、地力の低い圃場では腰の高さまでしか育たず（通常は草丈3m程度）、収量が3割以下となるなど無残な状況であった。圃場間の収量較差が極めて大きかったため、土壌分析を実施し、堆肥・尿を投入するとともに、不足する成分量を発酵鶏糞など有機肥料で補った（表2-3）。

またトウモロコシは、除草剤を使用せずカルチベータによる機械除草を行った。しかし、適切なカルチ掛けのタイミングや回数に関する情報が不足していたために、雑草対策に非常に苦労した。カルチ除草は、適期を逃すと除草効果が格段に落ち、雑草が繁茂する。そのため、初期生育の遅れや収量・

表2-3　有機飼料用トウモロコシの施肥体系例

施用資材	10a 施用量 (kg)	肥料成分（%）			施肥成分量（kg）		
		窒素（N）	リン酸（P）	カリ（K）	N	P	K
堆肥	3,000	0.1	0.1	0.3	3.0	1.5	9.0
発酵鶏糞	220	4.4	3.3	3.3	9.7	7.3	7.3
ようりん	50		20.0			10.0	
合計					12.7	18.8	16.3

（参考：慣行栽培）

施用資材	10a 施用量 (kg)	肥料成分（%）			施肥成分量（kg）		
		N	P	K	N	P	K
BB380	100	13	18	10	13.0	18.0	10.0

写真2-1　カルチ除草の比較

良

悪

回数・タイミングが適切でないと、除草効果が得られない

写真2-2　除草剤使用区と有機栽培区の比較
除草剤を使用すると雑草が全くないのに対し、有機栽培では、労力をかけてもほ場端周辺はどうしても雑草が多くなってしまう

除草剤使用区　　　有機区

栄養価の低下につながる。さらにカルチ作業・手取り除草などによる労働面の負担も大きな問題であった。写真2-1は、カルチ除草がうまくいった場所と雑草が残ってしまった場所を比較したものである。初期雑草抑制が不十分だと、収穫期に至るまで雑草の繁茂に悩まされることになる。除草剤を使用した場合との差は歴然としていた（写真2-2）。機械除草の時期、回数について試験を繰り返した結果、雑草発生前から発生初期にかけての実施が効果的であることがわかった。しかし、十分な除草効果を得るための除草時期は1番草の収穫期と重なるため、作業面で後々まで大きな課題となった。

牧草の試験栽培実施

牧草は2001年に有機試験栽培を開始した。トウモロコシと同様に、当初は

収量が著しく減少し、最も少ない圃場で慣行栽培の３分の１となった。牧草についても土壌分析を実施し、堆肥・尿で不足する成分量を鶏糞やようりんで補うとともに、安定収量確保のため、共同で追播機を購入し、赤クローバーの追播なども行ってきた（施肥例：表2-4）。

表2-4　有機栽培による牧草施肥例

施用資材	10a 施用量 (kg)	肥料成分（%）			施肥成分量（kg）		
		N	P	K	N	P	K
尿	1,000	0.3	0.0	1.0	3.0	0.0	10.0
発酵鶏糞	80	4.4	3.3	3.3	3.5	2.6	2.6
ようりん	40		20.0			8.0	
合計					6.5	10.6	12.6

※年間施肥量（１、２番草合計）

有機圃場認証を取得するものの厳しい経営

　２年間の試験期間を経て、02年からは、全圃場で無農薬・無化学肥料による粗飼料生産を開始した。圃場の全面有機転換により、将来の有機酪農実践に大きく前進することになったものの、20戸の会員は８戸に減少した。その理由は、コスト面、労力面で困難と判断したことや、有機農業に対する考え方の違いなどであった。残った会員は、03年に特別栽培の圃場認証を取得し、04年には有機粗飼料栽培の圃場認証を取得した。

　しかし、有機栽培にかかる労働時間の大幅な増加、化学肥料に替わる鶏糞などの資材費の増加により、経営が悪化する会員が見られた。この時期は、有機栽培に取組んでいたものの、まだ有機畜産JAS認証取得前であり、生産された生乳もこれまでどおりの集荷・販売であった。そのため労働時間増と資材費増がそのまま収支のマイナスにつながった。さらに有機濃厚飼料を輸入していく必要があり、それらを加味して試算したところ、生乳の生産原価は1.5～2.5倍となることが分かった（原価のバラツキは各生産者の濃厚飼料給与量の違いなどによるものである）。

　こうした中、05年に有機畜産JAS法が制定されたことにより、飼料給与や飼養管理の全面有機転換に踏み切ることになった。ここで、８戸の生産者か

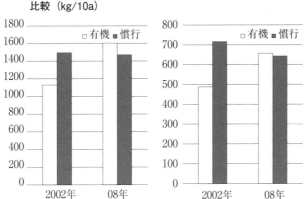

図2-3　WCS用トウモロコシの乾物収量
　　　　比較（kg/10a）

図2-4　牧草の乾物収量の比較

　らさらに3戸が離脱し5戸で取り組むことになった。ここで、残った5名の生産者は強い信念で取り組んだが、除草作業や収量減少、有機肥料などによる莫大な経費の増加に悩まされ、心身ともに疲弊していた。

　この認証取得・有機牛乳販売前の期間はもっとも過酷であり、技術的なサポートはもちろん、乳業メーカーによる金銭的な支援がなければ有機酪農の実現は極めて困難であった。

　飼料作物の収量は試行錯誤の結果、3年程度で慣行のほ場と比べ約90%になり粗飼料の有機栽培の目途が立った。また、08年の調査では、初めて慣行栽培を上回る平均収量となった（図2-3、2-4）。ただ雑草対策や労働面で課題は残されており（表2-5）、コントラクターなどへの委託や共同作業体制の整備、TMRセンター設立などによる会員間での粗飼料の相互補完と一元

表2-5　有機飼料栽培にかかる主な課題（会員からのコメント、2004年当時）

①	経年草地ではなかなか収量が確保できず非常に苦労した。また1番草が少なく、2番草が多い傾向。　（窒素の遅効性）
②	鶏ふんは散布量が多いことと、ブロードキャスターから落ちにくいことで、労働時間がかかる。
③	堆肥を投入することは大切であるが、土壌中のカリの割合が高くなる傾向があり、散布量に注意が必要。
④	牧草地で化学肥料を使用しなくなったことにより、以前裸地が目立ったほ場でも徐々にマメ科牧草が増加し、裸地を埋め始めてきている。

化の仕組みづくりが今後の検討課題とされた。

赤クローバーの増加と有機栽培ほ場の生菌の状態

　粗飼料有機栽培の実践により、ほ場に変化が現れた。前述の表2-5の④にあるようにマメ科牧草の増加が見られたが、特に顕著であったのが赤クローバーの増加と維持であった。赤クローバーは通常追播しても長年の維持は難しいが、5年以上経過しても非常に高い密度となっていた（写真2-3）。

写真2-3　有機栽培で赤クローバーが増加した

　これらに加え、有機栽培土壌と慣行栽培土壌及び山林の土壌との違いについて、東邦大学薬学部の協力により、微生物構成の観点から以下のような分析を行った。

　分析のきっかけは、会員の中に、「有機栽培を実践することで、土壌はどのように変化しているのか、有機物の継続投入により微生物の数はどうなっているか、知りたい」という要望があったためである。そこで、①堆肥、②有機畑A、③有機畑B、④慣行栽培畑、⑤山林のそれぞれの土を採取し、菌数の測定を行った。②、③は別の有機酪農研究会会員の飼料用トウモロコシ畑、④は化学肥料を使用した慣行栽培（非有機栽培農家）の飼料用トウモロコシ畑、⑤は会員の農場近くの山林土を使用した。

　堆肥を含む試料中の生菌数の測定には、寒天培地（YMA）並びに放線菌の選択培地であるHVAを用いた（表2-6、2-7）。

　YMA培地での72時間培養の菌数は、通常の2分裂増殖する細菌の数である。結果から明らかなように、単位重量あたりの細菌数は堆肥や堆肥を施肥した土壌が、慣行栽培土壌や山林土のほぼ倍の菌数となっている。また、放

表 2-6　YMA 寒天培地 PH7.2 培養結果

試料名	現物重 g	乾物重 g	72 時間培養 乾物 1 g 中の生菌数	7 日間培養 乾物 1 g 中の生菌数
①堆肥	2.0	1.60	22.0×10^6	64.0×10^6
②有機畑 A	2.0	1.97	17.0×10^6	28.0×10^6
③有機畑 B	2.0	2.00	9.2×10^6	14.0×10^6
④慣行栽培畑	2.0	1.91	5.2×10^6	8.2×10^6
⑤山林土	2.0	1.88	4.9×10^6	6.9×10^6

表 2-7　HVA 寒天培地 PH7.2 培養結果

試料名	現物重 g	乾物重 g	14 日間培養 乾物 1 g 中の生菌数
②有機畑 A	2.0	1.97	14.0×10^6
③有機畑 B	2.0	2.00	11.0×10^6
④慣行栽培畑	2.0	1.91	6.8×10^6
⑤山林土	2.0	1.88	7.7×10^6

線菌の増殖が見られる1週間培養でも、同様の傾向が見られた（表2-6）。一般に肥沃な土壌には放線菌の数が多いと言われているが、似たような結果となった。

　土壌中の放線菌を選択的に培養するHVA培地でも、有機畑が化学肥料を使った土壌や山林土に比較して、菌数がほぼ倍になっていた（表2-7）。

　これらの結果から、有機畑AよりBがやや菌数が少ないものの、概ね有機栽培の土壌の菌数は堆肥の菌数に近く、一方、慣行栽培の土壌は山林土に近い結果であったことから、有機栽培の土壌の菌数が慣行栽培の土壌及び山林土の倍程度あることが分かった。

有機飼養管理技術の確立

　国の有機畜産の基準である有機畜産JAS法は、長期にわたる検討を経て05年10月に制定された。この基準では、「有機畜産物は農業の自然循環機能の維持増進を図るため、環境への負荷を出来る限り低減して生産された飼料を給与すること及び動物医薬品の使用を避けることを基本として、動物の生理学的及び行動学的要求に配慮して飼養した家畜又は家きんから生産すること

とする」（第2条）と示されている。

　有機畜産の指標ができたことで、有機牛乳生産への道が開け、研究会の取り組みは一気に前進した。具体的には「有機畜産JAS認証の取得」という大きな目標ができたため、2005年以降、粗飼料の有機栽培以外の取り組みも本格化していった。

　以下、その取組内容と課題を紹介する。

飼料給与

　有機畜産JASでは、有機飼料の給与が条件となっている。研究会は05年4月から、粗飼料に加えて濃厚飼料も有機飼料に転換した。当初は国内調達が出来なかったため、アメリカとカナダから有機認証を受けたトウモロコシ・小麦ふすま・大豆を輸入し、自家配合して給与することにした。これにより飼料の100％有機転換を達成したが、価格は一般濃厚飼料と比べ2～3倍になった。

放牧管理

　家畜福祉の観点から、牛の「野外飼育場への自由な出入りが確保されていること」「清潔で乾いた場所の確保」「週2回以上の放牧」が義務づけられている。研究会会員5戸のうち、以前から3戸が放牧を実施しており、残り2戸も05年より開始した。

公共牧場での有機認証取得

　有機飼養牛の条件のうち、最も難しい課題が「誕生の時からと畜の時まで有機飼育されていること」である。ここで「公共牧場」の問題が浮上した。

　北海道の多くの家族経営では授精前の育成牛を自治体や農協等の公共牧場に預託する。従来のやり方では、一般牛と有機牛が混在してしまい、有機畜産JASの条件である「一般牛と有機牛の飼養管理の分離」を満たすことが出来なかった。しかし、会員が全ての期間を自家育成する場合、飼料不足、施

設不足、労働過重という問題が発生する恐れがあった。

　そこで、津別町の協力により、町営公共牧場の一部を有機牛専用牧区に設定することで、有機認証を受けられるようになった。

治療・予防

　EUの有機酪農認証基準では、抗生物質等動物用医薬品の使用は禁止されている。一方、有機畜産JASでは、「動物用生物学的製剤（ワクチン等）と駆虫薬以外の動物用医薬品の予防目的での使用は禁止」とされていた。

　会員はもともと留意していた乳牛の健康管理にさらに力を入れ、疾病の発生は減少した。また、乳房炎予防策である乾乳軟膏を使用できなくなったが、乾乳前の細やかな飼養管理などによって乳房炎を抑える工夫をした。

衛生管理・乳質

　衛生管理にも細心の注意を払い、牛舎内外の環境整備を今まで以上に徹底し、体細胞数の低減など、より一層の乳質向上を図った（図2-5）。

記録・記帳

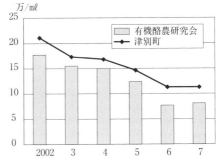

図2-5　生乳中体細胞数の推移

「衛生管理及び飼養管理記録表」や牛の健康管理カードを作成して、飼料管理・乳牛の治療歴などさまざまな記録、日々の管理作業の記帳を徹底した。

　また、関係機関による1年間の協議を経て、06年春には、粗飼料の有機栽培、乳牛の有機飼養管理などを整理した有機牛乳生産工程の指針となるガイドラインを作成した（表2-8）。

表 2-8　有機酪農研究会生産工程ガイドライン

項目	内容
1．生産農場の概要	(1) 牧場の概要（各戸） (2) 津別用有機酪農の概要（全戸） (3) 環境と調和のとれた農業生産活動規範
2．飼養牛	(1) 有機牛乳を生産する牛の条件 (2) 流れ図1・2 (3) 一般管理・健康管理プログラム
3．飼料給与プログラム	(1) 自家飼料の生産行程管理又は把握のための内部規程 (2) 津別町有機酪農流通フロー (3) 圃場管理 有機認証栽培管理計画/報告書
4．清潔、乾燥、薬剤	(1) 津別生産者巡回訪問のまとめ（使用洗剤） (2) 清潔で乾いた休息場所の確保のための清掃・消毒手順 ・堆肥の処理手順 (3) 清掃と消毒の内部規範 ・牛舎などの石灰塗布 (4) 家畜診療所及び人工授精依頼
5．水	
6．堆肥処理	・津別町堆肥製造施設の位置図 ・堆肥センター配置図
7．牧場配置図周辺図牛舎拡大図	
8．公共牧場	(1) 町有牧野使用契約書 (2) 津別町営相生牧場布川牧区の概要
9．生乳関係の点検	(1) 体細胞数、乳房炎に対する考え方 (2) 牛乳関係検査一覧
10．1－9以外の作業手順書・内部規定	(1) 乳質管理行程 (2) 乳房炎対応フローチャート (3) 牛の健康管理のための内部規程 (4) 出荷不適牛の搾乳と牛乳廃棄手順

有機酪農経営の経営収支と課題

　このように多くの課題の解決に着手し、06年に津別町有機酪農研究会は、有機畜産JAS認証取得を取得し、同年明治乳業より「明治オーガニック牛乳」が販売された。

　研究会による有機酪農の実践・オーガニック牛乳の生産は、「環境に配慮し、よりクリーンな牛乳を生産する」という農業者の強い信念と、関係機関の連携支援によって達成された。

　しかしながら、この後も数多くの課題が残された。中でも飼料費・資材費の増加、労働力の増加は著しく、持続的な生産のためにはそれまでと比較し2倍程度の生産コストがかかるようになった。そのため、ある程度の乳量を維持しながら有機酪農に取り組む場合は、公的機関、企業等の協力が不可欠になってくる。

図2-6は、（一社）北海
道酪農畜産協会による経営
診断から、会員５戸の02年
の粗収益を100として平均
経費と所得を指数化し、そ
の５年間の推移を示したも
のである。図のとおり、研
究会においても転換期間中

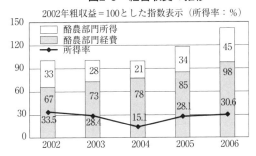

図2-6　経営収支の推移

2002年粗収益＝100とした指数表示（所得率：％）

は所得が年々低下した。メーカーの経済支援により経営を維持できた会員が
多く、オーガニック牛乳のプレミアム乳価補填が開始されてようやく転換以
前の経営状況にまで回復したのである。

　オーガニック牛乳を販売するという目標を達成した有機酪農研究会である
が、この後も安定的に生乳生産を続けていくために、次に示した２つの課題
のクリアが求められた。①将来的に自給率100％を目指すため、子実トウモ
ロコシや新規穀物栽培などにより、購入飼料の依存度を下げる。②会員間で
の粗飼料の相互補完と、飼料貯蔵施設の共同利用の仕組みを整え、効率的に
粗飼料を利用する。これらは、イアコーンサイレージの導入やTMRセンタ
ー設立により後年、解決されることになる。

　津別町有機酪農研究会の取り組みにより、中山間地域における規模拡大が
困難な酪農経営体の新たな展開方向が見いだされた。酪農家と乳業メーカー
が協力し、そこに関係機関の継続的な支援が加わり明治オーガニック牛乳と
いうこれまでにない商品を世に出したことで、持続発展的な酪農経営の可能
性を提起することにつながったと考える。（三宅　陽）

第2節　有機飼料用トウモロコシのカルチ栽培技術

カルチ作業のマニュアル化

　有機栽培における飼料用トウモロコシ栽培は、北海道における一般的な栽培と異なり、播種後の土壌処理及び茎葉処理での除草剤の散布ができないため、適期にカルチによる除草作業が必要になる。

　津別町有機酪農研究会では、小豆・大豆栽培におけるカルチ除草作業を参考に、飼料用トウモロコシ栽培のカルチ作業をマニュアル化している。ここでは同研究会会員が使用している中耕作業機「みらくる草刈るチ」での作業について述べ、播種までの耕起、砕土、整地作業や収穫方法については一般栽培と同様なので、説明を省略する。

　同研究会がトウモロコシのカルチ作業の参考としている「みらくる草刈るチ」の使用方法については、取扱説明書のはじめに表2-9の記載がある。後に述べるカルチ作業の前提となる事項であるので、掲載する。

表2-9　「みらくる草刈るチ」の取り扱い注意点

「みらくる草刈るチ」の除草効果を得るために下記を守ることが重要
①回数・時期 　除草効果を最大限に上げるためには、畑をよく観察し、雑草がでるかでないかの適期を逃さずに、こまめにカルチをかける。
②播種の深さ 　播種の深さが浅すぎるとCMS株間輪の正確な作用が難しくなるので、できれば3cm以上の深さに播種する。
③天気 　殺草効果を高めるため、できるだけ晴天日の午前中をねらって行う。
④播種前の砕土 　播種前の砕土が不十分だと、CMS株間輪の作用が悪くなるので、できるだけきれいに砕土してから、播種を行う。

　資料：「みらくる草刈るチ　取扱説明書（日農機製工株式会社）より内容引用」

研究会の栽培マニュアルと作業

　研究会の有機栽培マニュアルではカルチ作業は、①播種後5日目を目安に「かぶせ」（覆土）、②除草ハロー、③カルチ2回、④最終のかぶせ、という

表2-10　有機栽培マニュアルにおける除草作業工程

順序	作業工程	時期	機械
1	かぶせ（覆土）：約5日目	5月上旬～6月下旬	カルチベータ
2	除草ハロー		
3	カルチ（マロットリーナ）：2回		
4	かぶせ：最終		

資料：津別町有機酪農研究会

流れが記されている（表2-10）。このマニュアルどおり実施すると合計5回のカルチ作業を行うことになるが、天候や飼料用トウモロコシの生育の状況によって回数が異なる場合もある。これらマニュアル化されたカルチ作業について以下に述べる。

最初のカルチ「かぶせ」の注意点

　播種後のかぶせ作業は、飼料用トウモロコシが土の表面を割って出芽する直前～出芽直後に行う（写真2-4）。次にウィングディスクにより「播種」直後に発生した雑草を寄せた土で埋没させ（写真2-5、図2-7）、CMS（Curved Mount Spring）株間輪により株間や根際の土を攪拌、砕土しながら除草し、その後の「チェーン付きクマデ」で残った雑草を倒伏させ

写真2-4　「かぶせ」作業

表2-11　かぶせ作業のポイントと内容

ポイント	図・写真	内容
作業時期		出芽直前～出芽直後。作業時期の見極めが重要。
ウィングディスク	写真2-5 図2-7	「土寄せセッティング」で角度は最大に設定
作業速度		3～5 km/hで寄せた土の量、除草効果を見ながら調整する。
CMS株間輪	写真2-6 図2-8	株間輪爪（トガリ爪）の間隔は3～4cm
		除草タインは2～3cm間隔
チェーン付くまで		寄せた土を均しながら除草。

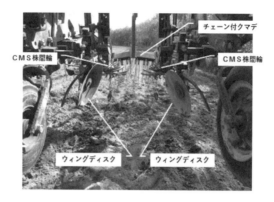

写真2-5 「かぶせ」作業時のウィングディスクの設定（前方から見た写真）

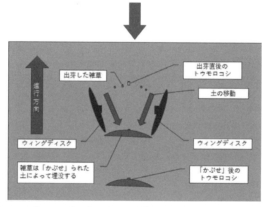

図2-7 「かぶせ」時のウィングディスクの働きのイメージ

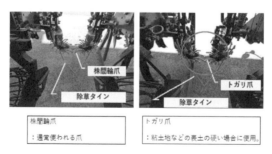

写真2-6 【CMS株間輪】爪とトガリ爪

る流れで作業が進む。この作業がうまくいくとその後の雑草の生育を大幅に遅らせる効果が期待できる。

　注意点としては、出芽前の飼料用トウモロコシに土を「かぶせ過ぎない」こと、降雨前に実施しないことが重要である（写真2-6）。その理由は、かぶせる土の量が多すぎると出芽が遅れることがあり、出芽した株が正常に生育しない場合がある。時には枯死することもある。また、降雨前にかぶせ作業を行うと土が固まってしまい、出芽を妨げる原因となる。このため、「実施時期の判断や作業が非常に難しい」という声が会員から多く聞かれた。

　一方で、「かぶせ」作業により、畦間の土が寄せられることにより、わずかな高低差が生まれ、その後のカルチ作業を行う際に運転操作を容易にする効果もある。表2-11に「かぶせ」作業のポイントと具体的内容を示した。

除草ハロー（クマデ作業）の注意点

　クマデは研究会マニュアルでは「除草ハロー」と記載されており、また会員間では「ひらき」と呼ばれている。クマデ作業は畦と畦の間の土を混和することで、発生した雑草を埋没または倒伏させ枯死させる効果を狙っている。かぶせで株に寄せた土を散らすイメージで作業を行う。作業はウィングディスクで株に寄せていた土を広げ、CMS株間輪爪（トガリ爪）及び除草タインで根際の雑草を倒伏させる。その後にクマデで広げられた土をならしていく流れで進む（写真2-7、2-8、図2-8 ～ 2-10）。畦間は深耕爪で深く耕して、土壌の「緻密度」を緩和させ、その後にゴロクラッシャーで土の塊を砕くとともにならしていく。表2-12にクマデ作業のポイントと内容を示した。

表 2-12　クマデ作業のポイントと内容

ポイント	図	内容
ウイングディスク	図 2-8	「土削りセッティング」で角度は最大に設定。
作業速度		2～4 km／h で除草状況を見ながら調整する。
CNS 株間輪	図 2-9	株間輪爪（トガリ爪）の間隔は 0cm（任意）。除草タインは 0～3cm の間隔（任意）
クマデ角度	図 2-10	畦の形状に応じて調整

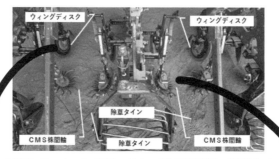

写真2-7　ウィングディスク、CMS株間隔、除草タインのセッティング（くまで作業時）

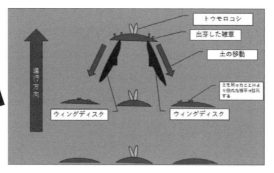

図2-8　「かぶせ」時のウィングディスクの働きのイメージ

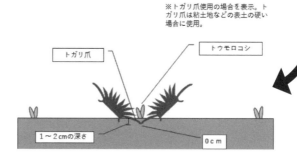

図2-9　CMS株間輪の「くまで」時セッティング

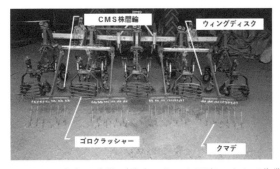

写真2-8　カルチ各部の名称（後方からみた写真：くまで作業時）

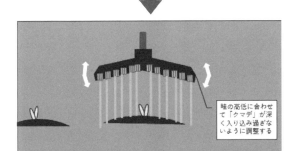

図2-10　「くまで」作業の角度調整イメージ

カルチ作業のポイント

　カルチ作業はクマデ作業後の雑草発生時に行い、①中期用クサトリーナ、②マロットリーナの順（写真2-9、2-10）に株間、根際の雑草を倒伏させ、枯死させる。中期用クサトリーナ（図2-11）およびマロットリーナ（図2-12）の除草タイン（鋼を除草に適した形に加工したもの）の幅の設定が狭いと株間の除草効果は高まるが、トウモロコシの倒伏のリスクも増大するため、状況に応じて調整が必要である。また、畦間はヤナギ刃で土を狭く耕し、土壌の緻密度を緩和させる。雑草の発生状況を確認し、2回行う。表2-13にカルチ作業のポイント内容を示した。

写真2-9　カルチ作業

写真2-10　中期用株間クサトリーナ（奥）とマロットリーナ（手前）

表2-13　カルチ作業のポイントと内容

ポイント	図、写真	内容
作業時期		「クマデ」作業後の雑草発生時
ヤナギ刃		畦間の中耕。ウィング角度はつけない（土は寄せない）
作業速度		4～7km/hで寄せた土の量、除草効果を見ながら調整する
除草タイン	図2-11 2-12	中期用クサトリーナ、マロットリーナのタインの幅は1cm（任意）。タインが過剰に摩耗しないように作用荷重を微調整する

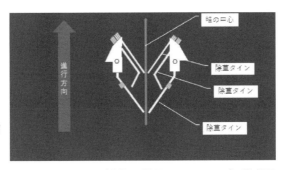

図2-11　カルチ（中期用株間クサトリーナ）模式図

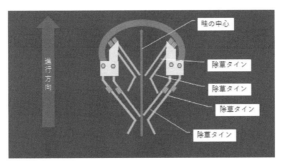

図2-12　カルチ（m・AROTリーナ：マロットリーナ）模式図

最終のカルチ「かぶせ」の注意点

　株間、根際に残ってしまった雑草を埋没させるカルチ除草の仕上げの作業である（写真2-11、2-12）。土を寄せる方法は播種後のかぶせと同様にウィングディスクで行う。作業時期が遅すぎるとトウモロコシの草丈が高すぎて、作業時に株を傷める原因となる。トウモロコシの草丈70cm程度が作業の限界となる。表2-14に最初のカルチ「かぶせ」の注意点を示した。

表2-14　最初のカルチ「かぶせ」の注意点

ポイント	内容
作業時期	6月下旬まで
ウイングディスク	「土寄せセッティング」で角度は最大に設定。
作業速度	3～5km/hで寄せた土の量、除草効果を見ながら調整する。

写真2-11 「かぶせ」作業（最終）

写真2-12 「かぶせ」作業直後の畦間。畝間の土がウィン
グディスクにより株間、根際に寄せられている

高い精度が必要とされるカルチ作業

　研究会のマニュアルに従ってカルチによる除草を行うと播種後に計5回圃
場に入ることになるが、実際は天候等に左右されてマニュアルどおりに作業
が進まないこともある。また、飼料用トウモロコシが5葉期くらいになるま
では除草効果を追求しすぎて、
栽植本数を減少させてしまうこ
ともある。

　図2-13は19年の会員4戸（全
会員7戸中）の10 a 当たり栽植
本数の推移である。播種時から

図2-13　栽植本数4戸平均（本/10a）の推移
（網走農業改良普及センター美幌支所、2019年）

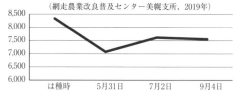

収穫までにカルチ作業によって800本弱減少していることが分かる（8,333－7,550＝783本）。5月31日では植栽本数が少なくなっているが、これは雨不足の影響で発芽不良があったためである。

　栽植本数の減少は収量に大きく影響することから、ウィングディスクで寄せる土の量、CMS株間輪の幅、除草タイン（バネ機能を持った細い鋼棒）の幅などは作業者の熟練度や状況に合わせて設定が必要であり、除草効果を落とさずに株を過剰に倒伏させない精度の高い技術が求められる。

カルチ作業でのGNSS自動操舵の活用

　研究会では18年からGNSS自動操舵の導入に予算付け（機器リース料計上）をして普及を図っている。GNSS自動操舵を用いることで、カルチ作業の精度が向上し、栽植本数の減少を最小限に抑える効果が期待できる。現在、GNSS自動操舵を用いてカルチ作業できるのは研究会員7戸中3戸である。

　事務局である津別町農協がRTK（リアルタイム・キネマティック）基地局を整備しているので、組合員はGPSによる精度の高い位置情報を取得でき、自動操舵による作業が可能となっている。

　（謝辞）
　執筆にあたり、有機酪農研究会の皆さんには取材の協力をいただき、作業の詳細や留意点について教えていただいた。また、柳沼勉氏（日農機株式会社　営業部オホーツク支店美幌営業所　所長）にはカルチベータ「みらくる草刈るチ」の機能、各部分の詳細の記載内容ついてご助言をいただいた。多大な支援とご協力をいただいたことに感謝申し上げます。（澤田　賢）

第3節　新規会員への支援とTMRセンター設立の効果

新規の有機会員へのバックアップ

　　津別町有機酪農研究会（以下研究会）では、最初に有機JAS認証を受けた５戸に加え、表2-15に示すように新たに2012年２戸、16年１戸が有機生

表2-15　有機 JAS 認証までの経過（新規生産農場）

	農場 K, S	農場 M
飼料作物の有機管理開始	2009 年	2013 年
有機 JAS 認証（飼料作物）	2011 年	2015 年
有機飼料給与開始	2011 年	2016 年
有機 JAS 認証（畜産物） 有機牛乳生産出荷開始	2012 年	2016 年

乳生産を開始した。新規の生産農場にとっては、新たな技術への挑戦の連続となったが、会員の強力なバックアップがあり短期間で生産開始に至った。

　　研究会では、月１回のペースで定例会議が開催されており、運営方針や有機JAS認証の経過、オーガニック牛乳のPRなどの協議がされている。頻繁に顔を合わせることで、牧草、サイレージ用トウモロコシの生育状況や放牧飼養技術、乳質向上などの話になり、情報交換が活発に行われる。例えば、「放牧地はそろそろ掃除刈りしないとダメだ」、「乳質向上には処理室が整頓されていないと」、「トウモロコシのカルチは３回かけたか？」など、新規の３戸は有機認証前の転換期間中から様々な助言を受けた。

　　また、研究会では毎年会員が中心となり、関係機関の支援で飼料作物の収量調査が行われている。その際、調査圃場は現地研修会の場になることから、収量だけでなく生育の状況や施肥量、堆肥の施用量など管理の方法について議論になる。その度に新規の３戸は飼料作物生産や放牧地管理などを学び刺激を受けてきた。

　　さらに、研究会の会長や副会長が新規農場を個別に訪問するなどして、トウモロコシのカルチ除草のタイミングや、衛生的な生乳生産に向けたアドバイスも行ってきた（写真2-13）。

　　このように新規の農場は自身の努力に加え、関係機関、既存会員の協力に

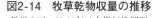

図2-14　牧草乾物収量の推移

新規2戸：09-10年は有機転換期間

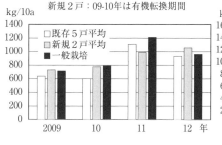

- □ 既存5戸平均
- ■ 新規2戸平均
- ■ 一般栽培

kg/10a

2009　10　11　12　年

図2-15　サイレージ用トウモロコシの TDN収量の推移

新規2戸：期間は図1と同じ

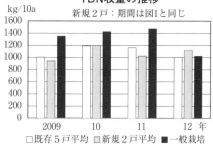

kg/10a

2009　10　11　12　年

□ 既存5戸平均　■ 新規2戸平均　■ 一般栽培

よって、有機転換後は他の会員農場と遜色ない収量を確保するとともに、有機生乳生産開始時には飼養管理技術も向上した。12年には牧草およびサイレージ用トウモロコシの単収において、新規2戸平均が既存の会員5戸の平均を上回っている（図2-14、2-15）。

写真2-13　新規会員へのアドバイス

しかし、新規農場の中には飼料面積が十分でなく、これまで利用してきたビートパルプや輸入乾草といった購入飼料が、有機生乳生産には使えなくなり粗飼料が不足した。そこで研究会内で調整が行われ、余裕がある会員から1番草やトウモロコシサイレージの細断型ロールが提供された。有機粗飼料の量が限られていることから会員間の粗飼料の融通が積極的に行われるなど、先輩農場の存在が新規生産農場の苦労の軽減につながったと思う。

研究会をサポートする支援連絡会議（津別町農協、津別町、普及センター、乳業メーカーなど）も会議で助言している。研究会では、有機JAS認証規格への適合や、処理室、敷地内の整理など飼養環境面の自主調査を毎年行っているが、複数の目で飼養環境を見直す機会として、支援連絡会議が農場全戸を巡回している。主に研究会が定めた環境チェックポイントを調査し（表

表2-16　有機酪農研究会の環境チェック項目

飼養施設・畜舎	家畜が飼料及び新鮮な水を自由に摂取できる 温度、通風及び太陽光による明るさが保たれる構造であること 清掃及び消毒に必要な器具及び設備を備えている 牛床等には敷き料がしかれている、又は土の状態である乾いて清潔
農場敷地内・外観（周辺）	ラップフィルム等が放置されていない 処理室の入り口には消毒槽が設置されている
施設内・処理室	整理整頓されている 畜舎との仕切がされている（処理室と家畜のいる所の隔離） 天井、壁などがはがれておらず、衛生的 ペット、動物等が入らないよう工夫している（犬、猫等が出入りしていない）

2-16)、特に新規生産農場については、支援連絡会議が飼養施設、飼養方法の改善など認証を受ける準備を農場と共に行った。

イアコーン生産で自給率向上

研究会では「生産者が目指す経営方針」を掲げて活動しており、その中で「オーガニック飼料を安定的に入手できる生産体制づくり」と「オーガニック飼料自給率100％による生乳生産」を目標としている。

購入飼料の主なものとして、輸入有機粉砕トウモロコシ、輸入有機ふすま、輸入有機大豆粕があるが、半分以上がエネルギー系飼料であり、12年時点の飼料自給率（乾物）は生産者7戸の平均で76.6％であった。研究会では、購入飼料を減らそうと濃厚飼料代替の模索や放牧面積の確保等取り組んできた。11年からは購入飼料代替として有機イアコーンサイレージの利用を開始した。

これには支援会議の他、農研機構北海道農業研究センターや道総研十勝農業試験場の支援もあり、試験栽培、給与試験を経て本格導入に至っている。

イアコーンサイレージは黄熟後期〜完熟期となったサイレージ用トウモロコシから包皮を含む子実のみを専用ヘッドを装着した収穫機で細断収穫し、サイレージ利用する。輸入有機粉砕トウモロコシより栄養価は劣るものの十分代替が可能であることから飼料自給率の向上が期待できる。実際、イアコーンサイレージの給与開始により飼料自給率は85％程度まで高めることがで

表2-17　イアコーンサイレージの飼料成分・栄養価（%）

	イアコーン サイレージ[1]	コーンホールクロップ サイレージ[2]	有機粉砕 トウモロコシ[2]
乾物	56.1	29.89	87.0
粗タンパク質（DM）	7.1	7.96	6.8
NDF（DM）	24.8	44.3	10.4
栄養価（TDN 含量 DM）	77.7	69.9	87.1

1）平成24年道総研農業研究本部、2）分析値平均

きた（表2-17）。今後は、収量の向上、栽培面積の確保が課題である。

　また、イアコーンは会員の圃場での栽培のほか、地域の有機畑作農家への委託栽培も行われるようになり、17年には委託も含めた有機栽培面積は45.5ha、収穫調製量が381tになった。

　有機畑作農家ではイアコーンの作付けにより有機栽培品目のみでの輪作の延長ができ、また収穫時に圃場に残される有機物（茎葉残渣）が利用できるなど利点があり、イアコーンが地域の連携で生産される作物となっている。

TMRセンター設立と自給飼料の相互調整

　農家戸数の減少による労働力不足への対応のため、津別町農協は11年から子会社を事業主体とした農協コントラクター組織、TMRセンター運営を核とした津別町農業総合サポート事業構想を立ち上げ、酪農家を含む津別町内の農家に対し加入、利用を促した。それを受け、研究会では参加協議が行われた。

　研究会では、以前からプランタ、マニュアスプレッダ、細断型ロールベーラなどの作業機の共同購入、共同利用や、トウモロコシのは種の共同作業は行われていたため、飼料作物栽培管理の共同作業については抵抗なく受け入れられた。ただ放牧飼養管理や飼料作物生産の窒素施肥などでは会員間に考え方の違いがみられたものの、それ以上に自給飼料を農家間で相互調整ができるようになることがTMRセンター利用の魅力であるとの意見が多く、最終的には研究会全員でTMRセンター参加を決めた。

表 2-18　放牧地面積と放牧期 TMR 給与量（経産牛 1 頭当）

年	放牧地面積（a）	放牧期 TMR 給与量（kg／日）
2014	20.2	-
2015	22.1	40.6
2016	22.9	40.5

注：放牧期は 6～9 月

慣行酪農家もTMRセンターの利用を決めたことから、津別町TMRセンターは、有機TMRと一般TMRの両方を調製・配送し、ほぼ全ての加入農家が夏期は放牧草採食量が最大となるよう放牧地面積を維持、増加させつつ、不足する栄養量を補うためのTMRの供給を受ける、めずらしいコンセプトの施設となった（表2-18）。

写真2-14　イアコーンサイレージの細断ロール調製

　支援連絡会議は、TMRセンターの稼働に向け、経営試算や有機畜産JAS認証適合への対応などの支援を行った。センターでは収穫調製したサイレージが有機飼料であることを確認する仕組みや、放牧草採食量の変動に対応するための細断型ロールでのTMRの梱包、配布など、工夫がされるようになった（写真2-14）。

TMRセンター利用による効果

　津別町TMRセンターは14年12月から稼働開始した。有機TMRの供給にともない研究会では次のような変化がみられた。第一にTMRセンター稼働前は通年でコーンサイレージを給与できない農家や、年によっては牧草サイレージが不足し、飼料給与を制限していた農家もあったが、稼働後はどの農家も安定した有機TMRが制限なく給与できるようになった。

　第二に夏場の5～6月のサイレージの劣化対策として細断型ロールでの再調製作業がおこなわれていたが、飼料作物栽培管理と競合していた。それが

センター稼働後は再調整作業が不要となり、トウモロコシのは種、除草作業に多くの時間を割けるようになった。

　第三に、TMR供給以前はイアコーンサイレージの経産牛1頭当り給与量は3kgであり、1農家の1日当り使用量は140kg程度だった。しかし、1梱包当たり500kg程度の細断型ロールで調製されるため、開封後は3日程度で発熱し変敗してしまうことから、使い切る前に変敗して廃棄しなければならない場合も生じていた。しかしTMRセンターが稼働してからは、まとまった量の有機TMRに調製をすることで効率的にイアコーンサイレージを使用できるようになり、廃棄はなくなった。それに加え、農協コントラクター組織でイアコーン収穫ができるようになったこともあって委託栽培面積も増え、ほぼ年間を通して経産牛1頭当り1日4kg程度まで給与が可能となっている。

　第四にTMR供給開始後の16年では、研究会全体の有機生乳生産量は増加し、前年比111％となった。かつ全体の濃厚飼料使用量は開始前の9割程度に圧縮することができた。

　放牧草も含めた自給飼料が有効に利用され、生乳生産につながったことに研究会内では驚きと安堵の声が聞かれた。

　第五に有機生乳出荷には有機飼料の給与から6ヶ月の転換期間が必要である。また、その前に、給与する粗飼料の有機JAS認証には、2年間以上の栽培転換期間を経ていなければならない。それが、仲間の協力による有機TMRの供給があれば、認証取得に要する3年以上の時間が6ヶ月にまで短縮できるようになった。

　研究会は新たな仲間を増やし、TMRセンターの活用で個別経営が安定するとともに、飼料作物の委託栽培など地域との連携も図られるようになってきた。目標であるゆとりある酪農郷づくりに着実に邁進している。

　（三浦　亘）

第4節　有機畜産JGAP団体認証取得の取り組み

1　我が国初の有機畜産JGAP団体認証取得

新たなステップとして生乳JGAP団体認証取得

　津別町有機酪農研究会（以下研究会）は、2006年5月に国内初となる有機畜産物（牛乳）のJAS規格認証を取得し、同年9月にはJAS有機牛乳の国内第1号として「オーガニック牛乳」を製品化、販売した。それから15年経過した20年3月に「乳用牛（生乳）」では国内初となるJGAP（家畜・畜産物）団体認証（以下、団体認証）を取得した（表2-19）。新たな消費者ニーズに対応するために「JGAP団体認証取得」に取り組んだ同会の活動内容（19年4月～20年2月）と関係機関による支援内容を紹介する。

表2-19　GAPとは

畜産において GAP（Good Agricultural Practice：農業生産工程管理）とは、農業生産活動の持続性を確保するため、食品安全、家畜衛生、環境保全、労働安全、アニマルウェルフェアに関する法令等を遵守するための点検項目を定め、これらの実施、記録、点検評価を繰り返しつつ生産工程の管理や改善を行う取り組みのこと。 　日本版畜産 GAP として基準書が 2017 年3月末に策定され、この基準書に基づいて GAP に取組み、審査認証機関の審査に合格した場合に、審査・認証機関及び日本 GAP 協会のホームページに、認証農場として公表される。 ○認証基準：JGAP 基準書（家畜・畜産物） ○管理運営機関：一般財団法人日本 GAP 協会 ○審査・認証機関：公益社団法人中央畜産会、エス・エム・シー株式会社

普及センター、農協、乳業が協力して支援

　研究会が団体認証取得を目指すにあたり、網走農業改良普及センター美幌支所（以下、美幌支所）に認証取得支援の要請があった。美幌支所は支援の中心的な窓口になり、本所広域主査（情報・クリーン・有機）と連携し、認証取得までのスケジュールを提示した（表2-20）。その上で、外部審査まで月1、2回のペースで打合せ会議の開催や現地巡回を実施し、帳票類の整備

表2-20　有機酪農研究会の団体認証取得までのスケジュール(案)

時期	取り組み内容
2019年 4〜7月	団体事務局の設置
	団体事務局と農場の役割分担(「役割分担表」の作成)
	「団体事務局マニュアル」・「農場マニュアル」の作成
	構成農場のGAP研修会実施
8〜10月	構成農場へのマニュアルの周知
	必要書類・台帳の作成
	必要資材の取りまとめ
	現地点検と施設の改善
	※審査会社への審査予約
11〜12月	内部監査の説明会(模擬的な監査の実施)
	内部監査(全農場・団体事務局・外部委託先監査)と是正
2020年2月	外部審査受審、不適合項目の是正

図2-16　関係機関の支援体制

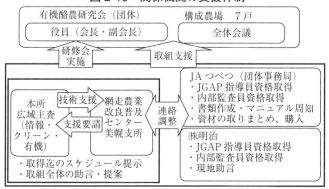

方法および農場の改善方法(整理整頓・衛生管理・労働安全・環境保全等)
を提案した。

　研究会の事務局を担う津別町農協を、JGAPにおける「団体事務局」とし
て位置づけ、職員2名がJGAP指導員・内部監査員の資格を取得した。団体
事務局は主に団体管理マニュアル(以下、マニュアル)や必要書類の作成、
構成農場へのマニュアルの内容周知、必要資材のとりまとめと購入を行った。
また、生乳の出荷先である㈱明治の担当者も、オブザーバーとしてJGAPに
係る資格取得や打合せ会議の出席など、事務局・関係機関がスクラムを組ん
で研究会を支援した(図2-16)。

農場管理マニュアルの作成と研修会の企画

認証取得に向けた活動が始まった19年4月から同年9月までは研究会役員、団体事務局（津別町農協）、㈱明治担当者、普及センターによる打合せを計6回行った。JGAP基準書の管理点1.1から31.1まで113項目について確認し、団体事務局と農場の役割分担を決め、農場管理マニュアルと事務局マニュアルを作成した。また、各農場が記入する必要書類のひな形についても検討した。

農場管理マニュアル作成後、会員全戸を対象に全体研修、現地研修を開催し、「GAPの基礎」と「現場での改善内容」について会員全戸の理解の浸透に努めた。全体研修と現地研修は19年7月〜20年2月まで計10回実施した。以下、具体的な内容は以下の通りである。

1）「GAPの基礎」について全体研修を開催

普及センターは、19年7月に研究会全戸を対象に「JGAP団体認証取得に向けて」と題して研修会を開催した。研修内容は、①GAPの目的、②認証取得までの流れ、③取組事例について説明し、GAPの基礎知識の習得を支援した。

参加者からは「農場の整理整頓はどこまでの範囲が対象になるのか」、「機械の整備記録は毎日の点検表などでチェックされるのか」などの質問があり、外部審査までに農場が取り組む内容について、そのボリュームと改善の精度について不安を感じている様子がうかがえた。

2）「現地研修会」で会員の情報共有を図る

同年8月には2戸の農場で現地研修会を実施し、各農場の改善内容や進捗状況に差が生じないように「目慣らし」を行った。具体的には、①処理室内の環境整備と整理整頓、②手洗い設備の設置、③薬品の適切な管理と施錠可能な薬品庫の設置、④燃料の保管、⑤廃棄物の処理・保管、⑥有害生物の対応等について参加者全員で現状の評価を行った。研修会後に改善が必要な事

項は個別に整理し、提示することで適
切な農場管理につながることが理解さ
れ、外部審査に向けた会員の不安が払
拭された。

　同年11月には２回目の現地研修（個
別巡回）を行い、８月の現地研修会で
改善事項として挙げられた項目の進捗

写真2-15　有機会員の現地研修
（19年11月８日）

状況を事務局、㈱明治、普及センターが確認した。取り組みが不十分な点に
ついては、個別に周知し、さらに改善を進めた（写真2-15）。

　この現地研修によって、①真空ポンプの廃オイルの飛散対策と保管燃料の
漏れ対策、②施錠可能な薬品庫の設置、③堆積中の堆肥の温度計測、④農作
業時に使用するヘルメットの準備、など共通の改善事項が挙げられた。一方
で、団体事務局および㈱明治の働きかけもあり、農場の不要品整理、整理整
頓が着実に進んでいった。

3）必要な書類の作成支援

　研究会では従来からJAS有機の取り組みの一つとして、全戸が毎日、衛生
管理・飼養管理記録表（表2-21）を記帳しており、JGAPでもこの記録表を
活用することで、改めて準備しなければならない記録は少なくなった。

　これ以外についても、農場ごとに必要書類を団体事務局が提示し、それら
をファイリングするなどして内部監査や外部審査に備えた。また、各農場が
書類を作成する上で進捗に差が生じることが予想された場合は、団体事務局
と関係機関が個別に巡回し、記入方法を助言するなど極端に準備が遅れる農
場がないように調整した。

4）内部監査・外部審査の対応支援

　内部監査の前には必要書類の準備が万全か、質問への回答方法に不明な部
分がないかを研修を通して確認した。研修の際は予想される具体的な審査時

表2-21　研究会使用の衛生管理・飼養管理記録表のイメージ

年　月　津別町有機酪農研究会　衛生管理・飼養管理記録表　　牧場名（　　）

日		1	2	3
集荷日				
搾乳頭数				
バルク乳温	朝			
	夕			
ミルキングシステム洗浄	酸性			
バルククーラー洗浄	酸性			
ミルカー内残水確認朝・夕				
異物混入確認・フィルター朝・夕				
治療記録 ○：治療日 ←→：出荷制限期間 OK：検査陰性 ×：検査陽性				
分娩牛記録 ○乾乳日（出荷休止日） ●分娩日 ←→：出荷制限期間 OK：検査陰性 ×：検査陽性				
搾乳作業		夫・妻・父・母 ヘルパー・従業員	夫・妻・父・母 ヘルパー・従業員	夫・妻・父・母 ヘルパー・従業員
給餌作業		夫・妻・父・母 ヘルパー・従業員	夫・妻・父・母 ヘルパー・従業員	夫・妻・父・母 ヘルパー・従業員
牛舎・牛床が清潔・乾燥				
獣医師訪問				
放牧管理（牧区番号）朝裕				
放牧しなかった頭数				

備考欄　　＊以下は必ず記載
①ミルカー洗剤（アルカリ、酸）の交換月日、②バルク用洗剤（アルカリ、酸）の交換月日
③殺菌、ディッピング剤の交換月日、④機器ゴム製品（ライナー、ホースミルクチューブ）の交換月日
⑤堆肥の持ち出し・麦かんとの交換など、⑥粗飼料の持ち出し・搬入など
＊ミルカーについては、毎日自動的にアルカリ洗浄と、殺菌をしている。
　バルククーラーも出荷後、自動洗浄。　異常があった場合は、必ず備考欄に記入。

のやりとりや回答例を挙げて、会員が実際の監査をイメージできるように配慮した。内部監査は20年1月14日〜17日、全戸を対象に行われた（内部監査員は津別町農協職員）。外部審査の前には内部監査で不適合だった項目の是正が完了しているか確認するとともに、審査への対応が上達することを目標に研修を重ねた。20年2月17日〜19日に団体事務局、農場（7戸中3戸のサンプリング）の外部審査（GAP審査認証機関：㈱エス・エム・シー）が実施された。

JGAP団体認証取得の間接的効果

　外部審査を経て3月に団体認証を取得した（写真2-16）。会員からは「実際にGAP取り組むことで学ぶことが多くあった」、「GAPに取り組んだことで農場の働く環境が良くなった」という声があった。また、事務局である農協と㈱明治は「目標としていた年度内の認証取得に間に合って良かった。

写真2-16　JGAP認証書（団体））

大変だったが関係機関一丸で取り組めた」と満足していた。

　普及センターは今後も関係機関と連携を図りながら研究会の「消費者に信頼される産地づくり」と「オーガニック牛乳の持続的な生産」への支援を継続したい。（澤田　賢）

2．農場の環境改善、ブランド力強化がJGAP団体認証の利点
　　～事務局と農場の役割分担の検討はしっかりと～

SDGsの目標達成に貢献が期待される有機農業

　2015年9月の国連サミットで採択された「持続可能な開発目標（SDGs）」の認知度が国際的に高まりつつあり、あらゆる分野で「持続可能性」が大きなテーマとして捉えられている。SDGsは17の目標で構成されており、その中で「持続可能な農業生産」を進めていくには、有機農業やGAPの取り組みが非常に重要になると考えられる。

　このような情勢の中で、津別町有機酪農研究会は06年、国内初となる有機畜産物（牛乳）のJAS規格認証を、さらに20年3月にJGAP（家畜・畜産物）の団体認証を取得した。

　06年度に策定された有機農業推進法において、「有機農業とは化学的に合成された肥料及び農薬を使用しないこと並びに遺伝子組換え技術を利用しな

いことを基本として、農業生産に由来する
環境への負荷をできる限り低減した農業生
産の方法を用いて行われる農業」と定義さ
れている。

有機農業に取り組む上で、有機畜産物の
日本農林規格（有機JAS）の基準に従って

図2-17　有機JASマーク

生産された畜産物を有機畜産物としている。この基準に適合した生産が行わ
れていることを農林水産大臣が認可した第三者機関が検査し、認証された事
業者は「有機JASマーク」（図2-17）を使用して「有機」、「オーガニック」
などと表示することができる。

有機JASでは、有機畜産物の生産の原則として、農業の自然循環機能の維
持増進に向けて、①環境への負荷をできる限り低減して生産された飼料を給
与、②動物用医薬品の使用を避ける、③動物の生理学的及び行動学的要求に
配慮して飼養する──を掲げている。

JAS規格に基づいて有機の表示を行う際、畜産物としては、家畜（牛、馬、
めん羊、山羊、豚）及び家きん（鶏、ウズラ、アヒル、カモ）が対象となる。
これ以外は有機JAS表示の対象にはならない。

最近の研究では、有機農業が生物多様性の保全や地球温暖化防止などに寄
与するとの調査結果が報告されている。世界的に重大なテーマになりつつあ
るSDGsについても、複数の目標に対して有機農業の貢献が期待できること
から、環境保全型農業の先導的役割として一層の取り組み拡大が推進されて
いるところである。

農場での食品安全、環境保全、労働安全をGAPで統括

GAPは「農業生産活動の持続性確保に向け、必要な関係法令等の内容に
則して定められる点検項目に沿って、農業生産活動の各工程の正確な実施、
記録、点検及び評価を行うことによる持続的な改善活動」と定義されている。
近年の農業生産活動は食料の供給のみならず、食品安全、環境保全、労働安

全の取り組みが社会的責務となっており、日々の農場管理の中で実施すべき内容をパッケージ化したものがGAPということになる。

　そのパッケージ化された内容を農業者や団体が自ら実践する上で第三者機関の審査を受け、GAPが正しく実施されていることが確認されたときに、認証を取得することができる。

　2020年オリンピック・パラリンピック東京大会（2021年開催）の組織委員会による食材調達基準として、JGAPやGLOBAL（グローバル）G.A.P.等の第三者認証GAPが要件となったことを機に、日本でGAPへの注目度が高まっており、既に一部の大手流通・小売業で取引先にGAPの認証取得を求める動きが見られ、今後それが加速する可能性が高い状況にある。

JGAP家畜・畜産物が新たに登場

　JGAPは、日本版のGAPとして標準的な内容を備えており、（一財）日本GAP協会が認証プログラムの開発・管理・運営を担っている。07年に第三者認証制度がスタートし、最新のJGAP認証農場数は4,342（2020年12月現在）である。GAPは日本以外にも韓国、中国、タイ等のアジア圏にも広がっている。

　JGAPでは認証対象である「青果物」（野菜や果実など）、「穀物」（コメ、麦、豆など）、「茶」はすでに規格がつくられ運用されてきたが、17年3月に「家畜・畜産物」が新たに追加された。JGAP家畜・畜産物では、①食品安全の確保、②環境への配慮、③農作業事故防止、④人権保護に関する点検・評価・改善、⑤家畜の衛生管理、⑥アニマルウェルフェア（家畜福祉）の配慮——への取り組みが求められ、認証対象は「乳用牛・生乳」、「肉用牛（乳用種を含む）」、「豚」、「採卵鶏・鶏卵」、「肉用鶏」となっている。

　JGAP認証を取得した農場・団体から出荷された農畜産物及び包装・梱包資材に加え、農場・団体に所属する者の名刺、パンフレット・ホームページなどの販促資材にも「JGAP認証農場ロゴマーク」を表示することができる（図2-18）。

表示は義務ではなく任意で、表示する場合は日本GAP協会の使用許諾が必要になる。

なお、農場HACCP認証取得農場は、「JGAPと農場HACCP認証基準との差分に関する文書」による審査が可能となり、農場HACCPと重複する部分を省略して効率的にJGAPの審査・認証を行うことが可能である（注）。

登録番号 123456789

図2-18　JGAP認証農場マーク

研究会が国内初の乳用牛・生乳の団体認証取得

JGAPの認証には個別認証と団体認証があり、個別認証は一つの農場が単独で審査・認証を受ける。団体認証は、団体による農場統治の状態と団体に所属する農場における農畜産物生産工程の管理状態の両方について審査・認証を受ける（図2-19）。

ここでいう「団体」とは「団体の定める方針・目的の下に複数の農場が集まり、代表者及び団体事務局を有する組織」を指し、生産部会や振興会、複

図2-19　JGAP個別認証と団体認証の外部審査までの流れ

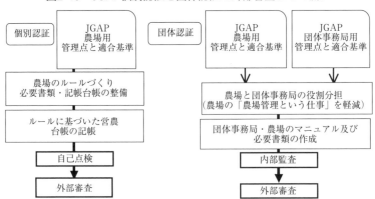

数の農場を有している企業などがそれに当たる。認証の有効期間は、個別・団体ともに2年間で、団体認証における認証品目は申請品目のみ（審査を受ける団体の管理下にある品目のみ）となる。

団体認証に取り組むメリットとして、次の点が挙げられる。

・団体に属する農場の「農場管理という仕事」の負担を軽減できる。

・産地単位で品質管理体制を統一できブランド力の強化に役立つ。

・審査、認証、農薬残留分析等の費用負担が軽減できる。

JGAP家畜・畜産物は、国内で189農場が認証されており（20年3月）、これまで肉用牛、豚、肉用鶏では団体の認証事例はあったが、乳用牛・生乳の団体認証は津別有機酪農研究会が国内初となる。

団体認証取得までの流れ

1）団体事務局の設置

団体事務局（以下、事務局）は、「JGAP団体事務局用管理点と適合基準」で求められる組織運営に加えて、内部監査を行うなど団体を統治する役割を担う。また、認証取得に向けた準備段階では、構成農場に対するGAP導入支援を行う。そのため、事務局としての必要な人員の確保、資格（JGAP指導員・内部監査員）の取得、GAPを支援する人材の育成を計画的に行う必要がある。

2）団体事務局と農場の役割分担の決定

JGAP農場用とJGAP団体事務局用のそれぞれの管理点と適合基準に対しては、農場と事務局の役割分担を決める。農場が担う部分を多くするか、事務局が担う部分を多くするかは団体の状況により異なるので、それぞれの団体に合った役割分担のあり方をよく考えて決める必要がある。

3）団体・農場管理マニュアルの作成

次に事務局、農場それぞれが担う役割分担をどのように実践するかを記載した「団体・農場管理マニュアル」（以下、マニュアル）を作成する。また、マニュアルの実践に必要な帳票類の様式や掲示物の作成も行う。

「管理点と適合基準」はあくまで「目指すべき状態」が示されたものであ

るが、マニュアルには目指すべき状態に到達するための具体的な取組内容を記載する必要がある。マニュアルは完成後も常に見直して改良することで、団体の実情に沿ったマニュアルに近づけることが可能となる。

４）農場へのマニュアルの周知

　作成したマニュアルは、印刷して農場に配布し、内容を周知する。また、内容に沿って帳票類の記載方法、掲示物の掲示場所などを農場に説明する。

５）内部監査

　内部監査ではマニュアルに基づき、事務局及び農場の運用状況を内部監査員及び内部監査補佐役が点検・確認し、その結果を事務局責任者と団体代表者に報告する。JGAPでは年１回以上の実施が求められる。内部監査の実施対象は事務局、団体に属する全農場、さらには外部委託先である。

　団体認証における外部審査では、農場の審査はサンプリングにより行い、内部監査が十分に機能しているか確認することも目的の一つにしているため、内部監査には十分な精度が求められる。

　内部監査で不適合となった項目は外部審査までに是正することになるが、監査の実施結果と是正内容は記録として残す必要がある。

６）外部審査

　外部審査は団体による農場統治の状態と農場の管理状態の両方を審査の目的としており、審査員が事務局と農場を審査する。

　審査当日は、事務局の審査に続いて、団体に所属する農場数の平方根以上の農場が審査対象となる（団体に所属する農場が10経営体の場合10の平方根が3.33なので４経営体が審査対象）。審査終了後は不適合項目の是正を行い、審査・認証機関の判定を経て認証書が発行される。

GAPのメリット・デメリット

　GAPに取り組んだ農業者からは、一般的に「整理整頓による効率的な作業の実現」、「農作業安全の意識向上」、「農薬・肥料等資材の不良在庫解消」などで効果があったとの声が聞かれている反面、「データ管理（記帳、集計

など）に手間がかかる」、「施設改善や審査・認証に経費がかかる」、「販路拡大や売り上げに結びつかない」という声も聞かれている。これらの問題点の解決する方策として、産地単位でのブランド形成が有効といえ、経費の抑制を重視する場合は団体認証に取り組むことが考えられる。地域単位での持続的な酪農の確立に向けた取り組みが広がることを期待する。（浅田　洋平）

注：農林水産省が09年 8 月に定めた「畜産農場における飼養衛生管理向上の取組認証基準（農場HACCP認証基準)」に基づき認証された畜産農場（乳用牛、肉用牛、採卵鶏および肉用鶏の農場）をいう。

第3章　有機酪農経営の経営展開

第1節　有機酪農と津別町

津別町の地域農業振興計画の策定を支援

　筆者は2012年に津別町農協の地域農業振興計画の策定支援に携わって以来、津別町農業をフィールドとした調査研究を続けてきた。18年からは同農協の顧問アドバイザーを務めている。また、14年から有機酪農研究会の総会に出席する機会にも恵まれてきた。本稿では筆者のそうした経験も踏まえて、有機酪農と地域とのかかわりについて考察したい。

条件不利な地域で生まれた有機酪農

　20年農業センサスの結果によれば、津別町の農業経営体数は144、このうち乳用牛を飼養している経営体は25で全体の2割弱を占める。津別町農業を全体として見れば、畑作が優勢な地域である。同じくセンサス結果によれば、津別町の耕地面積はおよそ5千haで、牧草専用地（草地）が占める割合も2割弱である。草地を保有する経営体は肉用牛経営なども含めて36だが、1経営体当たり草地面積は平均24haにとどまる。これはオホーツクの平均値である48haのちょうど半分で、同じく畑地型酪農が展開している十勝地域の41haと比べても小さい数字である。

　津別町の地形はよく「手のひらを広げたようだ」と言われるように、5本の河川・沢沿いにひらけた独特の立地条件である。津別町の農業は、こうした立地条件に巧みに適応しながら専業的な畑作・酪農畜産経営を確立してきたが、規模拡大にはおのずと制約があった。津別町の有機酪農は、規模拡大や飼料基盤の拡充が簡単にはできない地域条件のなかで、安定した家族酪農の姿を夢見ながら試行錯誤の果てにたどりついたひとつの答えである。津別町という地域条件の中で生まれた成功モデルが有機酪農なのである。

有機酪農の維持・拡大を可能にした条件

ところが、このモデルがいったん確立してしまうと、取引先との関係からいっても、有機酪農生産の維持・拡大が求められ続けることになる。このことが基本線となって、地域との新たなかかわりがつくられてきた。焦点となる維持・拡大に連なる流れは、3つの面で確認することができるだろう。

第1に、自給飼料生産の強化である。有機酪農の大前提は有機飼料の安定的な確保であるが、その鍵を握るのは濃厚飼料の自給である。特にイアコーンについては12年から町内の有機畑作農家も含めて委託栽培（耕畜連携）に取り組んでおり、飼料自給率の向上は地域とのかかわりを抜きにして考えることはできない。

第2に、地域内からの追加メンバーの確保である。創業メンバーは05年に残った5戸だが、これまでの経過のなかで残念ながら1戸が搾乳を中止している（17年）。他方、11年に2戸が、16年に1戸が加わり、計3戸の新規加入があった。01年以降の出荷乳量を見てみると（図3-1）、この新規加入分が全体の生産を押し上げてきたことが明瞭である。新規加入については、研究会が関係機関（特に普及センター）の力も借りながら有機栽培の技術的な確立に成功し、有機酪農への参入のハードルを下げたことが大きい。

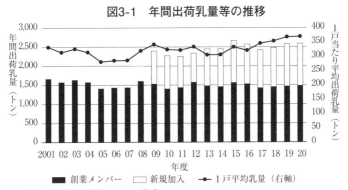

図3-1　年間出荷乳量等の推移

（資料）農協提供資料によって作成。

注：新規加入分の出荷乳量は有機転換年からではなく、加入年からカウントしている。

第3に、労働負担の軽減に取り組んできたことである。有機転換でもっとも負担が増えるのはデントコーンの播種後から7月上旬までの機械（カルチ）除草だが、18年からGPSガイダンス・自動操舵技術の導入を進めて、オペレーターの肉体的・精神的負担の軽減につなげてきた。これは、農協が設置した基地局を利用しており（ホクレンRTK方式）、地域農業のインフラ整備が活用の前提である。

　自動操舵は畑作農家も利用する共通のテクノロジーだが、さらに酪農限定と言えるのが14年12月に供給を開始したTMRセンターである。津別町では初めて整備された施設で、農協の子会社（㈲だいち）が運営を担当している。コントラクターの機能も備え、牧草、デントコーン（WCS）、イアコーン（有機のみ）の収穫・調製を一手に請け負っている。

　ちなみにTMRセンターは有機酪農だけでなく、慣行の酪農家も利用している。センターを設立した時の地域全体の酪農戸数は24戸で、そのうち13戸（有機7戸、慣行6戸）が参加した。その後、有機が1増1減、慣行が2増2減という経過をたどるが、20年時点でも利用者は13戸で変わっていない。有機と慣行がバランス良く参加しているからこそ、センターの運営は安定していると言えよう。

　こうした条件整備が功を奏し、前掲図によって有機酪農研究会員の1戸当たり年間出荷乳量の平均値を見ておくと、TMR給与が始まって以降は1戸平均の出荷乳量も上向き、安定的に推移している。

地域に支えられ、力を借りて成長

　以上述べてきたように、津別町農業において酪農・畜産経営は決して多数派ではない。そして、有機酪農は2000年の研究会設立時の20戸が、最終的には5戸に絞り込まれてスタートした小さな集団である。しかし、06年に生産・販売モデルが確立して以降、地域とのかかわりを深めながら展開してきた。地域に支えられながら、また、地域の力を借りながら、基本線である「有機酪農生産の維持・拡大」を実現してきたと言える。

その意味で、21年6月にスタートした東岡地区の大型法人（株式会社E・H・F）は新しいチャレンジだと思う。このような法人をつくる条件が、町内の東岡地区という舞台で整ったことが大きいのかもしれない。メンバーは従前の7戸が、1法人（東岡）＋3戸（共和、布川、東岡）に再編され（カッコ内は地区名）、1増4減となった。繰り返しになるが、基本線である「維持・拡大」に結びつくような成果を、法人が順調に生み出していくことが期待される。

牧場の価値を高める有機酪農

ここまでは、有機酪農の側から地域とのかかわりを見てきた。次に視点を変えて、有機酪農が地域に及ぼした影響を考えてみる。筆者は有機酪農が地域に与えた最大のインパクトは、津別町という地域に合った家族酪農のモデ

写真3-1　牛舎前での柏葉宏樹さん、恵さん（㈱ピュアライン提供）

ルを提供したことだと思っている。前述した3戸の追加加入はその成果である。以下では布川地区に所在する（株）柏葉ファームの柏葉宏樹さんに登場していただき（写真3-1）、彼がなぜ有機酪農に参加したのか、また、どのような家族酪農を目指しているのかを紹介しておきたい。まず、柏葉さんのプロフィールに触れておくと、1981年生まれの39歳である（訪問時）。本格的な就農は25歳の時であるが、その前数年間は地元で林業関係の仕事にも従事していた。林業は津別町のもうひとつの基幹産業である。有機酪農研究会に参加したのは宏樹さん自身の判断で、本格的な就農から2年後のことである（有機転換は11年12月1日）。もともと環境問題に強い関心があり、林業関係の仕事に就いたのもそうした理由からだった。農薬、化学肥料を使わない有機農業に強く魅かれるものもあったという。

21年7月時点の農業従事は父（70代）、母（60代）、妻恵さんの二世代、4人で、家族労働力は充実している。酪農専業経営で総飼養頭数は72頭、うち

経産牛41頭（搾乳牛35頭）である。成牛舎のストール数は42床である。年間出荷乳量は370トン、個体乳量は8,900kgで、就農してからの変化はあまりない。家族酪農経営らしさを感じる数字が並ぶ。

　しかし、問題はやはり土地不足である。草地面積は28.6haで採草地が24.6ha、放牧専用地が4haである。この他に、飼料用トウモロコシが10.4haあるのがせめてもの救いだろう。牧場は国道から少し入ったところに立地しているが、裏手には山が迫っており、周囲で拡大できるような条件は乏しい。今の1.5倍くらいの土地があっても良いと考えており、飛び地も含めて探しているが、他地区での拡大は難しいと言う。畑作農家との土地獲得競争は、畑地型酪農の宿命だろう。

　そうなると、今の飼料基盤を大事にして最大の収穫量を追求するしかない。そのために重視しているのが堆厩肥の施用で、全量を自家の草地・コーン畑に還元している。畑作農家との麦稈交換も、ある時点から中止した（現在はすべて購入）。また、オーチャードを中心とした採草地では追播を欠かさず、収量の向上を実現している。

　今、重点的に取り組んでいるのは、牛舎施設群の整備である。20年に新たに乾乳舎を建設し、21年にも哺育舎を新設した。育成舎は既存のものがあるが、これも21年に増改築している。これらはすべて、この牧場で牛を健康に飼うことにつながっていくと考えている。

　このように、柏葉さんの牧場経営は土地不足に対処するために、今ある飼料基盤を最大限活用することに力が注がれている。そして、現在進行形で取り組んできたのは、乾乳舎・哺育舎・育成舎をセットで整備して、牧場の基盤を可能な限り充実させることである。このことは牧場の価値を高めると同時に、次世代への継承に結びついていくだろう。

耕畜連携が有機酪農伸長の鍵

　最後に、今後の課題を述べたい。

　第1に、有機酪農生産の強化は、津別町全体の生乳生産の維持・拡大につ

ながっていく関係にある。その鍵を握るのは東岡地区で新設された法人で、関係機関も含めてみんなで経営安定を支援すべきだろう。

　第2に、飼料自給率のさらなる向上という面では、もっと地域に支えられる必要がある。有機イアコーンの栽培委託は、できるだけ距離の近いところで行われることが望ましい。結局、地元で有機農業が拡大しなければ、有機酪農も伸び切れない。その鍵を握るのはやはり耕畜連携であろう。

　第3に、22年度から予算の裏づけも伴う「みどりの食料システム戦略」の追い風を利用すべきである。「みどり戦略」の具体化はこれからだが、21年12月に改訂された「農林水産業・地域の活力創造プラン」では、30年までに全国の1割以上の市町村を「オーガニックビレッジ」（有機農業を推進する自治体）とする意欲的な目標が立てられた。市町村が推進計画を策定する際には、特に第2の課題にかかわり、耕畜連携において畑作側のメリットが出るような大胆な助成の仕組みを追求すべきであろう。（東山　寛）

参考文献

永松美希ほか（2008）「乳業メーカーと酪農家グループによる有機牛乳チェーンの開発：北海道津別有機酪農研究会の取り組み」『畜産の研究』2008年1月号

北海道新聞（2011）「挑戦！オーガニック牛乳：津別町有機酪農の歩み（上）（中）（下）」『北海道新聞』2011年4月5日・6日・7日

山田耕太（2013）「有機酪農の継承と今後の取組み」『農家の友』2013年7月号

矢坂雅充（2015）「有機酪農の到達点と未来」『農村と都市をむすぶ』2015年12月号

日本農林漁業振興会（2020）『令和元年度　農林水産祭受賞者の業績（技術と経営）』

清水則孝（2020）「オーガニック牛乳の商品化に向けた農協の役割」『デーリィマン』2020年11月号

石川賢一（2021）「オーガニック牛乳生産の取組み」『農業研究』（別冊）第9号

荒木和秋（2022）「有機畜産、放牧による有機農業100万haは可能か」『日本農業年報』67（筑波書房）

第2節　有機酪農の試練を乗り越え経営を確立

山田牧場の有機転換の経緯

　㈱山田牧場は津別町の市街に近い最
上地区の津別川流域にある。経営耕地
面積は58.1ha（うち所有地38.4ha）で
経産牛50頭を飼養している。家族労働
力は世帯主の山田耕太さん（39歳）、

写真3-2　山田さん家族（山田照
夫氏提供）

妻・朋子さん（39歳）、母・和子さん（69歳）の３人である（写真3-2）。父
親の照夫さん（73歳）（以下山田さん）は酪農作業からはリタイアしたもの
の、津別町有機酪農研究会顧問、オホーツク有機農業ネットワーク代表、網
走川地域の会副会長など多くの役職を務めながら悠々自適の生活を送ってい
る。山田さんの人生の目標である有機酪農が達成できたからである。

　有機酪農への取り組みが本格的に始まった02年以降の山田牧場の経営展開
を見たのが図3-2である。販売乳量は400〜450tで推移しているが、経産牛
頭数は60頭から40頭半ばに減少していることから経産牛１頭当たり個体乳量
が増加していることが推測される。一方、経営耕地面積は倍増している。

　山田牧場の有機酪農の転換と展開について詳しく見てみる。山田さんは、
1947年に津別町で生まれ、66年に北海道仙美里農業講習所（当時）を卒業す

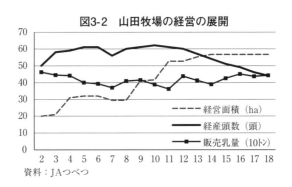

図3-2　山田牧場の経営の展開

（凡例）
- - - - 経営面積（ha）
――― 経産頭数（頭）
――■― 販売乳量（10トン）

資料：JAつべつ

ると父親の広一さんを手伝うため就農した。当時の経営形態は畑作酪農複合
で、4haの草地と5haの畑地でてん菜とトウモロコシの交互作を行っていた。
父親が町ビート振興会会長を務めていたからだ。てん菜の葉の部分のビート
トップと製糖工場から出るテールチップ、副産物であるビートパルプを乳牛
の飼料として利用できた。山田さんは父親から経営をまかされると、表3-1
にみるように79年、牛舎の建設と施設整備を行った。それと同時に、乳牛改
良にも力を入れ、81年には全道共進会で1等、82年には同会で2等、83年に
は乳牛検定成績1万1,040kgで全道1位となった。高泌乳牛酪農を達成する
ため、1日3回搾乳を5年間行い、妻和子さんに大変な作業の負担をかけた
と思っている。しかし、牛に大量のエサを与えストレスを増大させ、「寿命
が半分になった」ことで濃厚飼料の効果の限界を知り、また農家としての力
の限界を感じて購入飼料に頼った高泌乳牛酪農の追求は止めた。

エコ酪農経営への転換

　山田さんは高泌乳牛酪農の反省から「牛に自由を与える」放牧への転換を
行った。きっかけは96年にニュージーランドを視察したことだ。帰国翌年に
6.5haの採草地を放牧地に転換し電気牧柵で4牧区に分け、水飲み場、牧道
を設置し集約放牧を始めた。
　一方、この時期には、規模拡大に伴ってふん尿の排出量も増え堆肥盤、尿

表3-1　山田牧場の展開

年代	主な出来事	建物	構築物	施設・機械
1950	'57 雌牛1頭購入			
1960	'60 搾乳開始	'62 改造牛舎（搾5）	'66 角サイロ2基	
1970		'71 乾草舎30坪 '79 牛舎新築（搾32）	'70 バンカーサイロ120t '79 堆肥盤・尿溜	'70 トラクター55馬力 '75 バルククーラー1,200ℓ '79 パイプライン・バーンクリーナ
1980	'81 全道共進会1等 '82 全道共進会2等 '83 乳検成績全道1位		'80 タワーサイロ650t '85 堆肥盤・パドック	'81 バルククーラー2,000ℓ
1990	'97 放牧開始	'92 牛舎改造（搾64） '93 乾草舎108坪 '95 育成舎52頭	'95 尿処理施設180t '99 堆肥舎196坪	'91 バルククーラー4,000ℓ

資料：山田「エコ酪農」の実践より作成

溜施設の容量が不足するようになり、大雨の時には100m先の津別川にふん尿が流れる事態も起き、酪農を続けられない状況になってきた。当時、ふん尿の増大による環境問題は網走地域全体に広がっていた。その頃、北海道開発局網走開発建設部では網走湖の水質改善を目的とした「網走湖浄化対策事業」を実施し、尿処理施設モデル農家の公募を行っていた。

写真3-3 「ゆう水」（尿のばっ気・発酵施設）

山田さんはこれに応募して95年に微生物浄化システム施設（ゆう水施設）を導入した。微生物の発酵によって浄化された処理水（ゆう水）は乳牛に飲ませても問題がないほどの水質になり、消臭効果もあることで堆厩肥にかけて臭いを消すとともに完熟化の促進効果も認められた（写真3-3）。

　山田さんはゆう水に出会ったことで、自然環境について真剣に考えるようになり、このことが有機酪農の取り組みにつながって行った。山田さんはこの時、酪農経営の考え方を次のように示している。「酪農経営は、自然と牛と人間との協調、バランスの上に成り立つ産業である。自分の短期的な儲けを増やすために自然や牛に多くの負担をかける経済効率優先は問題が多い。しかし、環境に優しければ儲からなくても良い、では若い後継者が育たない。そこで、私は、周辺環境に優しく牛へのストレスを少なくする「エコラジカル酪農」と、休み・経済が確保される「エコノミー酪農」を両立させた「エコ酪農経営」に努めている」（山田著「エコ酪農の実践」）と主張する。

乳業会社との出会いと有機農業への取り組み

　当時、海外での有機酪農は盛んになっていたものの、日本で有機牛乳の生産を行っていたのはアメリカの有機飼料を使って有機認証を受けた千葉県にある1牧場のみであった。㈱明治乳業（現㈱明治）は、北海道で有機酪農に

取り組める地区を探していた。そこで、津別町がゆう水施設や堆肥舎を整備し環境対策に取り組んでいたこと、放牧を行っていたこと、乳質が全道トップクラスであったこと、などから同町に「白羽の矢」を立てた。

　明治乳業は、津別町農協に相談に行き、町酪農振興会に話を持ちかけた。山田さんは99年3月まで振興会会長を務めていたことから、25戸の酪農家に呼びかけ、そのうち20戸が参加して津別町有機酪農研究会が設立された。研究会では2001年から有機飼料栽培に取り組むことになった。しかし収量が激減したことで多くの会員が離れ、02年からは8戸で全圃場での有機栽培を実施することになった。しかし、トウモロコシの単収が低かったことから、周囲からは「牛はガタガタだ」、「有機が成功するはずない」と陰口を言われていた。

　そうした状況にあっても山田さんは意地になって有機酪農を成功させようと研究会の仲間を励ました。03年から特別栽培認証、04年に有機栽培圃場認証を取得した。研究会では冬期間をフルに使って、農協、町、道振興局、農業改良普及センター、北見農業試験場が参加して認証取得のための生産記録や申請書の作成などの支援を行うとともに、有機飼料の増収のための勉強会も開いた。

　その結果、牧草（サイレージ）の単収（乾物）は、01年には有機は慣行の68％しかなかったものの06年には98％にまでになった。また、トウモロコシ（ホールクロップサイレージ）の単収（乾物）は、02年の有機栽培は慣行栽培の75％しかなかったものの06年には90％にまでなった（津別町有機酪農研究会「オーガニック牛乳販売に向けた取り組み」）。有機トウモロコシの高さは3mを超え、化学肥料を投入していた慣行栽培よりも高くなった。何よりも喜んだのは妻の和子さんであった。和子さんは畑の際の雑草を手で抜いて隣家に届かないよう苦労しており、さらに経済的にも困窮していたからだ。

農家所得の減少と乳価交渉

　飼料の有機栽培の取り組みによる生産量の落ち込みは農家経済の悪化を招

表3-2　山田牧場の経営収支の推移と主な出来事

項目	02 (H14)	03 (H15)	04 (H16)	05 (H17)	06 (H18)	07 (H19)	08 (H20)	09 (H21)	10 (H22)
酪農収入	4,759	4,673	4,161	5,647	6,648	6,031	7,035	7,413	7,145
うち牛乳	3,549	3,393	3,293	5,187	6,118	5,640	6,443	6,888	6,244
うち育成・初生	580	618	251	190	312	194	467	343	674
生産費用	3,702	3,963	3,954	4,579	4,787	4,878	5,971	5,813	5,867
うち購入飼料	1,160	861	1,001	1,590	1,808	1,747	2,195	2,312	2,124
うち家族労働費	757	753	622	631	631	502	622	661	661
うち共済掛金	165	167	226	248	222	174	132	165	181
売上総利益	1,052	710	206	1,068	1,861	1,153	1,064	1,600	1,277
所得	1,633	1,053	339	1,218	2,162	969	1,115	1,799	1,499
主な出来事	有機栽培実施		有機認証取得	有機濃厚飼料転換	有機牛乳販売	ホクレン夢大賞	コープさっぽろ農業賞		農林水産祭農林大臣賞

資料：数値は「経営診断助言書」（北海道酪農畜産協会）

いた。表3-2は、全圃場で有機栽培に転換した02年以降の農家経済の推移を
見たものである。有機圃場認証を受けた04年には農業所得は339万円に落ち
込み、貯金を取り崩さないと経営が存続できない状況まで落ち込んだ。その
原因は、乳代の減少もあったが、それ以上に個体販売の減収が大きかった。
その理由は、農地面積が少なかったことから自給飼料が不足する中、飼料を
買っても経産牛に給与するだけで精一杯であり、育成牛に与える飼料の余裕
がなかった。そのため「必要のない育成は全部売却した」ことで、孕み（妊
娠牛）などの個体販売が大きく落ち込んだ。減収は4年間続いた。

　そこで、明治乳業は02年から8戸の飼料の減収分を穴埋めするため研究会
農家の支援を行った。その理由は、05年からは、濃厚飼料（配合）につい
ても有機飼料への転換が求められており、慣行と同じ乳価では経営の存続が難
しいことが目に見えていた。そのため5戸の有機酪農家は04年秋に明治乳業
札幌支所を訪れ、乳価の引き上げの要請を行った。数値の根拠にしたのが、
北海道酪農畜産協会の三上隆弘さん（現・㈱クボタ）と須藤純一さん（現・
須藤畜産技術士事務所）が行った経営診断の数値であった。当時の支所長で
あった木島俊行さんが対応したが、支所長の一存では決められなかった。そ
の後、何度か話し合いが持たれた。翌年の初めに再度話し合いが持たれた結
果、明治乳業からは乳価の大幅引き上げ案が提示された。山田さんは「4月
からの乳価改訂に向けて、ここで決めないと前に進めなかった」と5戸の会

員とともに合意した。

　05年4月からの乳価の引き上げもあって山田さんの生乳収入は1千万円近く増加したことで農家経済は有機酪農転換前の水準まで回復し、有機酪農転換期の経済的困窮から脱出できた。

有機酪農によって収支の額が拡大

　山田牧場の農家経済は、05年の乳価の大幅な引き上げによって大きく改善され、翌年の有機認証牛乳である「オーガニック牛乳」の販売によって安定していく。図3-3は、山田牧場の経営収支の推移である。粗収入は02年の4千万円台から年々増加し、16年以降は9千万円台に達する。これと並行して生産費用も増大していくが、経営収支の差である所得も漸増し、13年、14年には2,700万円を超えるものの、その後は2,200万円前後になっている。この間、14年には山田牧場の経営は照夫さん夫妻から息子の耕太さん夫妻に完全に移譲され、有機酪農も第二世代へと移行する。それに伴い飼養管理に対する考えも変化する。

図3-3　山田牧場の経営収支の推移

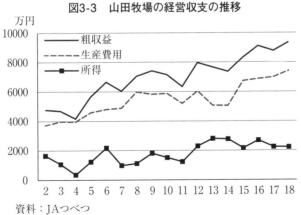

資料：JAつべつ

1頭当たり所得の倍増と所得率の低下

　これを別の経済指標でみたのが図3-4の経産牛1頭当たり所得と所得率の推移である。経産牛1頭当たり所得は2000年代の20〜30万円から2010年代の40〜50万円へと増大する。一方、所得率は10％台から所得が増大した13、14年には36〜37％になるものの、それ以降は30％以下に低下する。両者の動きは11年までほぼ軌を一にするものの、12年以降は次第に乖離するようなる。

図3-4　経産牛1頭当所得と所得率の推移

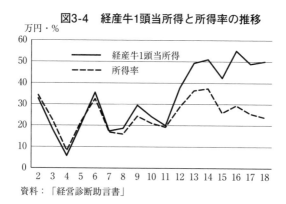

資料：「経営診断助言書」

　経営全体の所得率の低下は経営効率の低下であるが、経産牛1頭当たり所得は維持されている。経産牛頭数が13年以降、60頭から40頭台半ばまで徐々に減少することで経産牛1頭当たり所得は50万円台という道内ではトップレベルの水準で維持されている。

　所得率が最も高かったのは、13年の36.4％と14年の37.4％であり、17年は25.5％と18年は23.7％と10％以上も低下する。それは、図3-5にみるように13年、14年の経産牛1頭当たり粗収益が136万円、差引当期費用（当期費用から棚卸を調整）が91万円であったものが、17年、18年の平均ではそれぞれ201万円、159万円に増加する。粗収益の増加65万円を差引当期費用の増加68万円が上回っている。その結果、粗収益に占める差引当期費用の割合は、67.3％から79.3％に増加し、その逆数である所得率は下がったわけである。

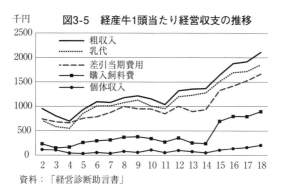

図3-5　経産牛1頭当たり経営収支の推移

資料：「経営診断助言書」

　その主な要因はTMR購入飼料費の増加による。飼料費は13年、14年の平均24.8万円から17、18年平均の84.4万円と3.4倍にも増えている。

TMRによる購入費増と労働軽減

　有機酪農への転換によって飼料の構成がどのように変化したのか、さらにTMRに移行することでどのような変化が現れたのかを見たのが表3-3である。

　02年は慣行酪農であったが、経産牛1頭当たり乳量は9,244kgであったことから、配合飼料や単味などの濃厚飼料は1,569kgと多く、これにビートパ

表3-3　年間給与飼料の構成（TDN）と購入金額の推移

区分		飼料区分	慣行	有機	有機 TMR
		年次	2002	2010	2018
経産牛1頭当たり年間給与量（TDN）	購入飼料（kg）	配合	542	－	－
		単味	1,027	(有)1,033	(有)1,945
		粗飼料（パルプ等）	974	－	－
		粗飼料（乾草・サイレージ）	1,042	(有)199	－
	自給飼料（kg）	トウモロコシサイレージ	1,263	(有)1857	(有)1,638
		有機イアコーン	-	－	(有)457
		グラスサイレージ	-	(有)800	(有)1,063
		放牧	760	473	442
購入金額（千円）		濃厚飼料	4,376	(有)14,628	(有)20,845
		粗飼料（パルプ等）	1,839	(有)2,549	－
		粗飼料（乾草・サイレージ）	1,243	－	(有)10,916
		添加物	1,871	387	1,039
		ＴＭＲ運営費	－	－	4,370
		小計	9,329	17,564	37,170
個体乳量（kg）			9,244	6,415	9,947

資料：各年次「経営診断助言書」（北海道酪農畜産協会）より抜粋、(有)は有機飼料

ルプや粕類も給与されていた。しかし、有機酪農に転換した10年には、有機単味飼料は1,033kgへと大幅に減少しており個体乳量も6,415kgに下がっている。これは、10年には経営耕地面積も41.6haと10ha以上増えたこともあり、自給飼料の給与量は増加したことによる。さらに18年には有機単味が増加したTMRへの移行とイアコーンも加わり個体乳量は約1万kgに増加する。購入飼料費の増加は、こうしたTMRの給与量の増加に伴うものであるが、TMRという飼料の給与形態が名目上費用を大きく膨らませている。

　その要因は第一に、これまの自給飼料費がTMR購入費に移行したためである。ちなみに10年の自給飼料費は1,357万円、購入飼料費は2,124万円であったが、18年はそれぞれ、478万円と3,973万円と購入飼料費に大きく比重が移っている。第二にTMRへの移行でTMR運営費（製造・運搬などに係わる経費）が新たに発生したことである。それまで、有機酪農研究会のメンバーが有機飼料の配合を行っていたが、TMRセンターがその作業を担うことになった。TMRセンターの設立に当たった山田照夫さんは、「年間の作業量が35%減少した。その時間を牛舎管理に振り向けることができた」と、TMR運営費の発生はあったものの、飼料調合の労働が牛群の管理に向けられ収益の増加につながったと見ている。

平均産次と個体乳量が密接に連動

　有機酪農の転換によって飼養管理にかかわる技術数値はどのように変化したのか、牛の健康状態を示す指標として平均産次を図3-6に示した。有機酪農への転換が行われる02年から05年の平均産次は2.5～2.6産であったが、10年には3.48産に、さらに12年は4.12産と大きく伸びる。しかし、それ以降は年々低下する。これらの動きの要因の一つとしてあげられるのが経産牛1頭当たり個体乳量である。

　02年には9,244kgであったが、有機酪農への転換とともに徐々に低下し、11年には6,086kgまでになる。一方、平均産次は3.97産へと延びた。

　しかし、12年以降は個体乳量の増加にともなって平均産次は低下し、18年

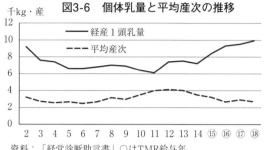

図3-6　個体乳量と平均産次の推移

千·kg·産

凡例：
経産1頭乳量（実線）
平均産次（破線）

資料：「経営診断助言書」○はTMR給与年

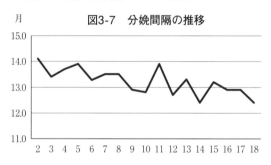

図3-7　分娩間隔の推移

月

資料：「経営診断助言書」

には個体乳量は9,947kgに増加する一方、平均産次は2.67産に低下する。個体乳量の増加が平均産次の低下と連動している。

　また、飼養管理の指標の一つである分娩間隔は図3-7に見るように、02年の14.1ヵ月から有機酪農への転換が落ち着く10年には12.8ヵ月へと短くなり、さらに18年には12.4ヵ月となり、この16年間で1.7ヵ月短くなった。分娩間隔は、飼養管理者の技術能力が大きく左右することから、一貫して繁殖技術の改善が行われてきたと言えよう。

有機酪農転換で健康指標が向上

　さらに牛の健康状態が数字として表れるのは、経産牛の淘汰率や診療衛生費である。牛の疾病が増えれば診療衛生費が増加し、淘汰率も増加するからである。すでに見たように有機酪農への転換に伴い平均産次数は08年から3

図3-8　経産牛淘汰率と診療衛生費の推移

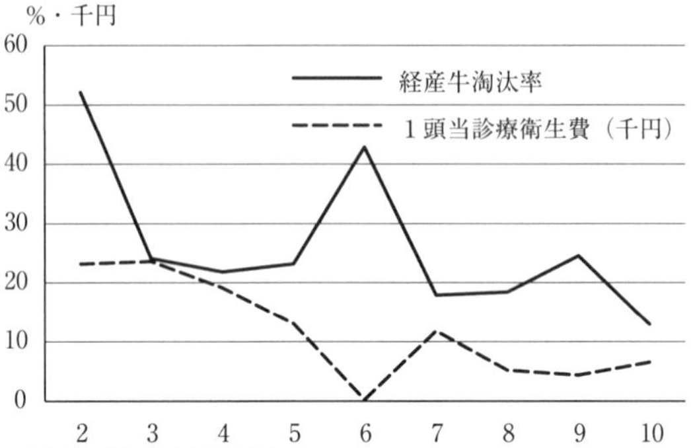

資料：「経営診断助言書」

図3-9　有機酪農実践の効果

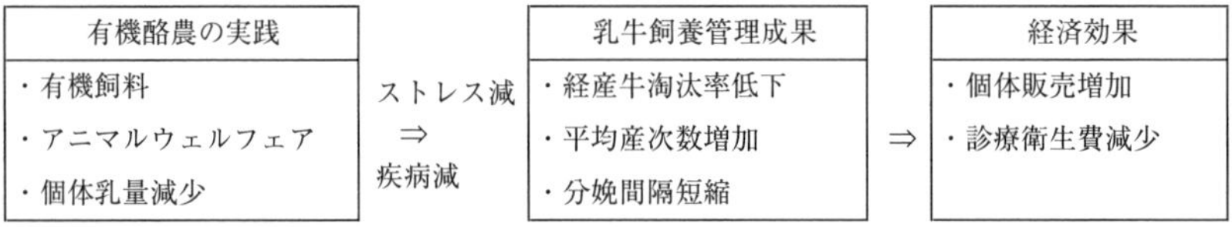

有機酪農の実践		乳牛飼養管理成果	経済効果
・有機飼料 ・アニマルウェルフェア ・個体乳量減少	ストレス減 ⇒ 疾病減	・経産牛淘汰率低下 ・平均産次数増加 ・分娩間隔短縮 ⇒	・個体販売増加 ・診療衛生費減少

産を超えるようになったが、これは経産牛淘汰率が低下していったことが大きい。

　有機酪農転換期前後の02年から10年の経産牛淘汰率と経産牛1頭当たり診療衛生費の推移をみたのが図3-8である。淘汰率は06年の43％を除き、02年の52％から年々低下し10年には13％になる。一方、経産牛1頭当たり診療・衛生費は、有機酪農転換当初の02、03年のそれぞれ2万3千円から08年以降は5千円前後に大幅に低下している。

　こうした牛の寿命の延びに見られる飼養管理技術の改善効果は図3-9にみるようなことが考えられる。有機酪農の柱は有機飼料の給与とアニマルウェルフェアの2本立てである。良質な飼料が給与され、乳牛の生活環境が快適な状況に改善され、また個体乳量が減少することでストレスが軽減され、そのことが疾病の減少につながっている。その結果、淘汰率の低下と平均産次の増加、分娩間隔の短縮がもたらされ、個体販売の増加や診療衛生費の減少

につながっていったことが考えられる。

TMR移行で個体乳量と淘汰率が増加

しかし、有機酪農への転換が落ち着いた11年以降は逆の動きになってくる。特にTMRに移行した15年は、経産牛1頭当たり個体乳量が8,400kgと前年より1,000kg増加する。さらに、16年は9,300kg、18年は9,900kgとわずか4年間で2,700kgも増加する。これはTMRの効果であり、他のTMRセンター参加農家でも同じような動きが見られている。

TMR給与量の増加によって個体乳量は増加するものの、図3-10に見るように一方では経産牛淘汰率と診療衛生費の増加となっている。14年の経産牛淘汰率は22.2％であったが、15年には33％、16年には39％、その後は30％弱で推移している。1頭当たり診療衛生費も14年は16,900円であったものの、15年は30,800円に倍増し、その後は25,000円から30,000円の間で推移する。淘汰率の上昇について後継者（現経営主）の耕太さんは次のように説明する。「今年から協業経営でのロボット搾乳が始まる。3〜4年前からロボット搾乳に合わない乳牛の淘汰を行ってきたことが数字に出ている」として、病気

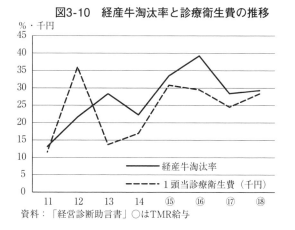

図3-10　経産牛淘汰率と診療衛生費の推移

資料：「経営診断助言書」○はTMR給与

や事故の増加ではないと見ている。

　すでに見たように分娩間隔の短縮にみられる牛のコンディションは良好である。今後、個体乳量の増大が乳質の低下や疾病の増加を招かないよう、より一層の飼養管理が求められる。山田牧場は、今年から他の有機酪農家２戸と法人経営に移行することが決まり新たな経営の発展が期待されている。

（荒木　和秋）

第3節　有機酪農で天皇杯受賞

有機酪農に貢献し天皇杯受賞

　20年２月、北見市のホテルで石川フ
ァームの「農林水産祭天皇杯　最優秀
賞」の受賞祝賀会が開かれた。山下邦
昭津別町農協組合長はじめ佐藤多一津
別町長、オホーツク地域選出の国会議
員、道議会議員、北海道農政事務所、
オホーツク振興局など大勢の関係者が
石川賢一さん（49、津別町有機酪農研
究会会長）、真美さん（49）の快挙を祝った。（写真3-4）

写真3-4　北見市で盛大な祝賀会
が催された

　天皇杯は日本の農業者・集団の最高位であり、農林水産祭では各政府系農
業団体から推挙された畜産や園芸などの各部門の代表者の中から個人・団体
が選ばれる。石川ファームは（一社）日本草地畜産種子協会主催の第５回全
国自給飼料生産コンクール（萬田富治委員長）で最優秀賞（農林水産大臣
賞）を受賞し、農林水産祭に推挙された。石川さんは19年11月に東京で開催
された第58回農林水産祭式典で天皇杯を授与され、受賞者を代表して挨拶を
行った。続いて20年１月皇居では天皇、皇后両陛下に津別町における有機酪
農の取り組みを紹介した。

有機酪農確立に中心的役割を果たす

　石川さんは、山田照夫さんらと共に2000年から津別町有機酪農研究会を立
ち上げ有機酪農の推進に貢献してきた。同研究会の会長の山田さんと海外視
察などを行い有機酪農の情報収集に努めた。それらの情報を活かして、有機
サイレージ用トウモロコシ栽培の確立、草地も含めた有機JAS認証の取得
（04年）、町の公共育成牧場での有機区の設置（05年）、農場HACCP管理の

導入と有機畜産物認証の取得（06年）、有機牛肉の有機JAS認定（08年）、TMRセンターによる有機TMRの供給体制の確立（14年）、津別町有機酪農研究会会長就任（15年）、JGAP団体認証の取得（20年）など津別町における有機酪農の確立の中心的役割を担ってきた。こうした働きとともに石川さん自身の北海道でのトップレベルの収益性、健康的な牛の飼養管理、豊富な自給飼料生産、高品質の生乳生産、環境への配慮、健全な労働環境、ゆとりのある生活スタイルなどが高く評価され天皇杯受賞につながった。

有機飼料の生産とアニマルウェルフェアの順守

　石川ファームは、津別町市街から３kmの所にあり、生活の便は良いものの、農地の拡大が難しい状況にある。乳牛の飼養頭数は、経産牛60頭、育成牛40頭（21年４月現在）である。労働力は賢一さん、真美さん、母の峰子さん（73）の３人である。その他、酪農ヘルパーを月５日、年間60日利用している。農地面積は54.4ha（うち借地22.2ha）で、地目は普通畑10ha（同６ha）、飼料畑14.4ha（同8.1ha）、採草地21.3ha（同8.1ha）、放牧地8.7haである。飼料畑で生産されるサイレージ用トウモロコシとイアコーンは津別町農協が出資する㈲だいちの津別町TMRセンターに提供している。採草地の１番草（19.7ha）もTMRセンターに提供される。ただし、２番草については自分で調製を行っている。その理由として、TMRセンターで２番草を収穫するとTMRのコストが高くなること、各農家が２番草を乾草やラップサイレージに調製し、育成、乾乳用として使いたいという希望があるためである。

　有機酪農の条件は、飼料は全て有機飼料であること、アニマルウェルフェアに順守した飼養管理であることである。そのため牧草とトウモロコシサイレージおよびイアコーンはすべて有機栽培でTMRセンターに提供し、輸入有機濃厚飼料と混合して農家に有機TMRとして供給される。自給率の向上を図るため、輸入有機濃厚飼料の比重を下げるためイアコーンの生産が取り組まれた。

　アニマルウェルフェアの基本原則は、牛を狭い空間に拘束しないことであ

り、そのため夏季放牧はもちろん、冬季も乳牛を1日2〜3時間パドックに出している。敷料として自家産の麦稈を豊富に使い、また換気を十分行うなど牛の健康保持に万全な注意が払われている。除角は行っているものの断尾は行っていない。医薬品の使用制限が行われているため、乳房炎の予防のための乾乳軟膏は使用できず、治療薬を使った場合には獣医師の指導で休薬期間を慣行牛の倍に設定する必要がある。

省力管理でゆとりのある生活

　石川さん夫妻の作業時間はそれぞれ1日5時間、母親は2時間である。短時間労働を可能にしている要因は、第1に省力機械、施設の導入、第2に有機TMRの利用、第3に放牧の実施、第4は育成牛の預託である。石川さんは17年3月に牛舎の新築を行い、その際自動給餌機の導入で給餌作業を大幅に削減した。以前の1日4回だった給餌作業が機械化されたことで、1日の作業時間は従来の3時間から30分に激減している。配送されてきた有機TMRのストッカへの投入は、夏期は1日1回、冬期は2日に1回のみである。

　また、搾乳は牛舎新築時に導入した搾乳ユニット自動搬送装置（キャリロボ）によってミルカ移動の作業時間と過重労働が軽減されている（写真3-5）。以前（搾乳牛35頭）は1台重さ4〜5kgのミルカ合計6台を、1回に付き2台10kg近くをバルククーラー室から牛舎に運んできて、搾乳時には1台のミルカを動かしていた。

　これがレール移動になったことでミルカ移動の労働が大きく軽減され、搾乳時間も以前（搾乳牛35頭）の1時間〜1時間10分から、現在（同60頭）の1時間10分になり、1頭当たりの搾乳時間は大きく減少した。省力化のため牛舎の新築には7,800万円、搾乳・生乳貯蔵施設に1,600万円を投資してい

写真3-5　キャリロボ

る（写真3-5）。なお自動給餌機、バルククーラー、換気扇はリースである。新築牛舎は換気などにより牛の快適な生活環境が保障されている（写真3-6）。

また、放牧を行うことで夏季の牛床の清掃など牛舎作業は大幅に軽減されている。さらに育成牛年間22頭を5月～10月の期間で預託している。津別

写真3-6　清潔に管理された牛舎

町は有機酪農研究会のために有機牛乳生産開始直後に公共牧場の一角に有機認証の放牧地50haを設置しており、牛伝染性リンパ腫などの感染リスクはなくなった。育成牛は14カ月を目安に授精している。

良質生乳の生産でプレミアム乳価

アニマルウェルフェアに基づく牛の飼養管理は牛のストレスを軽減することで病気を少なくし良質な生乳の生産につながっている。また、20年度乳質は、体細胞数は6万8千、細菌数は1,200で、町内ではトップクラスである。

良質な有機生乳はプレミアム乳価として評価されているが、これは有機飼料の高価格も考慮したものである。そのため石川さんをはじめ有機酪農研究会のメンバーは、生乳の高コストにつながっている輸入の有機濃厚飼料の削減を行うため、有機イアコーンの調製や道央地帯での有機子実トウモロコシの委託生産に乗り出すなど飼料自給率向上と生乳のコスト低減に努めている。

道内と海外での実習し酪農の基礎と生き方を学ぶ

石川さんは、1988年に高校卒業後、大樹町の角倉牧場で1年間実習を行い酪農の基礎を身に着ける。その後、カナダ、オンタリオ州のクオリティファームで10か月の実習を行った。同牧場はETなどを行う搾乳牛60頭のブリーダー農家であった。経営主からは、仕事のオンとオフを区分した効率的な時間の使い方を教わった。休みには車も貸してくれナイヤガラの滝など遊びに

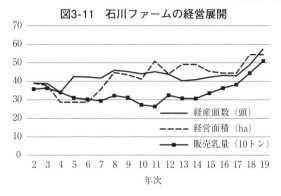

図3-11　石川ファームの経営展開

凡例:
経産頭数（頭）
経営面積（ha）
販売乳量（10トン）

行くことができた。帰国後、すぐに就農し1992年22歳で結婚し、30歳の時に経営を継承した。

　石川ファームの02年から天皇杯を受賞した19年までの経営展開を見たのが図3-11である。販売乳量は357tから510tへ43％増加している。経産牛は39頭から57.5頭へ47％増加し、経営耕地面積は38.8haから54.4haと40％増加した。そのため、1頭当たり面積は、0.99haから0.95haへとやや減少しているものの、物質循環の観点からは1ha、1頭という理想的なバランスが守られてきたと言えよう。

経営収支の増大と所得率の低下

　次に経営収支の動きを見たのが図3-12である。粗収益は、02年の3,500万円から06年には5千万円を超え、その後大きくは変化しなかったが、15年には6千万円を超え、17年には7千万円、18年には8千万円、19年には1億円の大台を突破する。

　一方、生産費用は粗収益とほぼ並行して増加しているが、その差は縮まってきている。そのため所得は02～08年までは1千万円台で推移し、12年以降は継続して2千万円台で推移するものの、粗収益の伸びに比べて大きな伸びは見られない。

　その結果、図3-13に見るように所得率は、02年の46.8％から19年の23.3％へと半減する。しかし、経産牛1頭当たり所得は、道内では高い水準の30

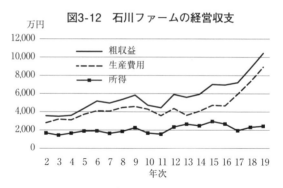

図3-12　石川ファームの経営収支

万円

粗収益
生産費用
所得

年次

図3-13　経産1頭当所得と所得率の推移

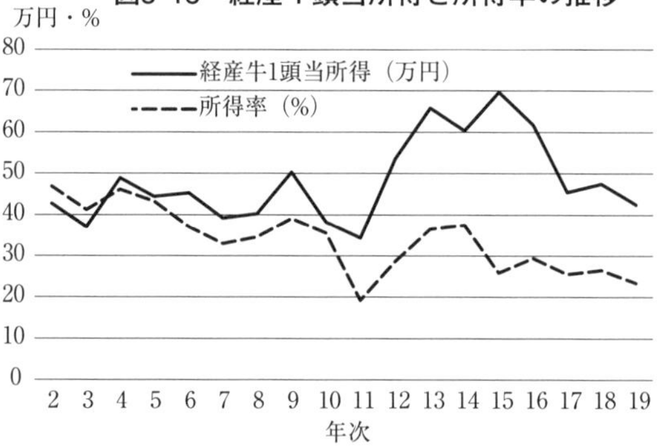

万円・%

経産牛1頭当所得（万円）
所得率（%）

年次

～ 40万円で推移するものの、12年からは一気に60万円台という道内でもトップクラスの達しているが、17年以降は40万円台に減少している。

　こうした変化の要因について、02 ～ 10年の有機酪農への転換期、11 ～ 19年のTMR利用、牛舎新築などの飼養管理転換期に分けて詳しく見てみる。

有機飼料費の増加と肥料費の減少

　石川さんは1999年に有機酪農のヨーロッパ研修に出かけ、各国の有機酪農場を視察した。「加工乳一本の日本に比べ、乳製品加工などの6次産業化が進んでおり、様々なタイプの牧場を目の当たりにした」と付加価値をつける酪農経営の展開に目を見張った。

　そこで帰国後、一緒に訪問した山田照夫さんと意気投合して2000年に津別

表 3-4　石川牧場の有機転換期の経営収支の推移と主な出来事（万円）

項目	2	3	4	5	6	7	8	9	10
主な出来事	有機栽培実施		有機認証取得	有機濃厚飼料転換	有機牛乳販売	ホクレン夢大賞	コープさっぽろ農業賞		農林水産祭農水大臣賞
酪農収入	3,556	3,496	3,590	4,364	5,173	4,955	5,350	5,819	4,722
うち牛乳	2,636	2,690	2,497	4,032	4,611	4,337	4,981	5,006	4,328
うち育成・初生	344	259	680	158	401	392	170	510	253
生産費用	2,792	3,174	3,103	3,708	4,109	4,060	4,453	4,578	4,284
うち購入飼料	602	567	516	1,014	1,005	1,185	1,470	1,329	1,166
うち肥料	241	238	264	163	229	165	125	108	138
うち診療衛生費	156	177	126	164	136	163	143	82	105
当期純利益	1,084	669	875	1,099	1,173	841	1,061	1,450	859
所得	1,663	1,436	1,656	1,884	1,911	1,623	1,849	2,267	1,677

資料：「経営診断助言書」（北海道酪農畜産協会）

　町有機酪農研究会を立ち上げた。有機栽培転換で牧草やトウモロコシの収量の落ち込みはあったものの、比較的農地に恵まれていたことから粗飼料の確保ができ、生産乳量は有機栽培開始年02年の357トンから有機牛乳販売年06年の302トンへと15％の減少にとどまった。

　02〜10年の経営収支の推移を表3-4に掲げたが、酪農収入は、それまでの3千万円台から増加した。これは出荷乳量の増加と有機酪農への転換によるプレミアム乳価がついたことが大きい。一方、生産費用は06年にはそれまでの3千万円台から4千万円台に粗収益と並行して伸びている。海外の価格の高い有機飼料による増加によるものであり、農業所得はほぼ1,600〜1,900万円の間で留まっている。有機酪農への転換は、購入飼料の増加を伴ったが、化学肥料から自給の牛糞に加え鶏糞にかわったことで肥料代は200万円台から100万円台に減少している。また、粗飼料の給与が増加したことで病気が減少し、診療衛生費も150〜180万円から100万円前後に減少した。

TMR移行による配合作業からの解放

　11〜19年の石川ファームの大きな変化の一つは、15年からの本格的な有機TMRへの転換である。表3-5に経営収支の推移を示した。

　移行前は、08年から有機濃厚飼料の配合作業を研究会メンバーで行っていた。それを任されたのが、当時研究会の中で一番若かった石川さんであった。地理的にも市街地に近く国道沿いで冬期も餌の搬入ができたためである。

表3-5　石川ファームの最近の経営収支の推移と主な出来事（万円）

項目	11	12	13	14	15	16	17	18	19
主な出来事					TMRセンター稼働		牛舎新築	全国自給飼料コンクール最優秀賞受賞	農林水産祭天皇杯受賞
酪農収入	4,440	5,901	5,578	5,907	6,990	6,928	7,197	8,779	10,436
うち牛乳	4,174	5,290	5,167	5,323	6,289	6,476	6,871	7,996	9,443
うち育成・初生	180	475	306	385	552	321	118	610	680
生産費用（当期）	3,997	4,756	4,009	4,376	4,851	5,063	6,397	7,800	9,111
うち購入飼料	1,231	1,678	1,170	1,350	2,729	3,029	3,087	3,999	5,085
うち肥料	118	247	134	131	8	14	10	70	0
うち診療衛生費	217	199	210	200	176	161	181	262	249
当期純利益	784	1,585	1,888	1,707	2,325	2,048	1,336	1,704	1,820
所得	1,544	2,345	2,649	2,467	2,940	2,663	1,951	2,319	2,435
個体乳量(kg)	5,842	7,370	7,629	7,484	7,939	8,395	8,894	9,093	8,868
濃厚飼料給与量（kg）	1,364	1,690	1,450	1,551	1,827	1,796	1,973	2,367	2,670

資料：「経営診断助言書」（北海道酪農畜産協会）

　その後、有機飼料の配合作業は若い会員を含め３人で行った。６戸分の配合を月２回行ったことで計12回行った。１戸分の調製に３時間かかり、運搬は３人が個々のトラックで行っていたことで牧草やトウモロコシの収穫期と競合した。しかし、TMRへの移行によって、石川さんらは配合作業から解放された。

　TMR給与は他の酪農経営と共通して個体乳量の増加に寄与した。16年にはそれまでの７千kg台から８千kgに増加し、18年には９千kg台に増加する。TMRへの転換によって濃厚飼料の給与量は14年の1,551kgから19年には2,660kgに増加した。これに伴って飼料費も急増したが、これは有機濃厚飼料の増加にもよるが、TMR費用の中に自給飼料費も含まれ、またTMRセンターの運営費も加わったためである。

繋ぎ牛舎による省力作業体系の確立

　次の大きな転機は、17年に総額9,400万円を投資した繋ぎ飼い牛舎の建設である。つなぎ方式にした理由は、第一に、現在は妻の真美さんも作業を手伝うが、石川さん一人で搾乳、給餌、糞尿処理作業ができるからだ。フリーストール牛舎は、追い込みや清掃に人手がかかるため一人での作業は難しいと判断したからである。

　第二に、バーンクリーナによる糞尿処理体系（固液分離体系）が、当時確立していたことである。フリーストール牛舎にすると新たにスラリーストアの建設費も必要であった。また、堆厩肥は「土壌の団粒構造を作るために不可欠である」という土づくりの基本を順守した。

　第三に、TMRに対応して給餌体系を自動給餌機にしたことで、給餌作業時間は以前の1日4時間から30分に激減した。作業内容はTMRをタイヤショベルで倉庫から牛舎内のストッカに1日1回（冬期は2日に1回）運搬するだけになった。ストッカからは、自動給餌機に全自動でTMRが搬入され、タイマーで1日7回給餌が行われている。

　このほか、放牧を行うことで牛舎作業の軽減を図っている。5月の連休明けから昼夜放牧を開始し8月まで行い、9月以降は日中放牧を行う。冬期は1日1〜2時間、放牧地（2.5ha）に吹雪の時以外は雪が積もっていても放している。

　以上のように、レール移動式ミルカによる搾乳、給餌機によるTMR給与、バーンクリーナによる糞尿処理、そして放牧の組み合わせによって一人で作業が可能な省力作業体系を確立している。

イアコーン、子実トウモロコシで自給率100%をめざす

　有機酪農の課題は自給率の向上であった。海外産有機飼料は供給が不安定で価格も高かった。そのために取り組んだのがイアコーンの生産で、町内および大空町の畑作農家にも委託した。そのことで、飼料自給率（TDN）は、有機酪農転換年の03年の59%から13年のTMRセンター設立の前年には78%に向上した（18年には75%に低下）。さらに20年からは道央地帯での有機子実トウモロコシの委託生産が本格的に始まり、国産100%有機飼料を目指している。

　石川ファームでは、TMR利用と省力施設の設置などにより一人1日5時間という大幅な作業時間の減少を実現できたが、一方では費用の増大を伴った。図3-13でみた農業所得率の低下は、TMR転換による購入飼料費の増大

と牛舎新築に伴う建物施設の減価償却費の増大が要因であった。今後、飼料自給率の向上により生産費用は減少するものと思われる。

教育ファームやグリーンツーリズムに取り組む

　石川さんは、現在津別町有機酪農研究会会長として6年目を迎え研究会の仲間をまとめる一方、07年からは農協理事を13年間勤め町農業の発展に努力している。また、真美さんは教育ファームを開設して小学校、中学校、高校の生徒を対象に学習活動を行い、農家民宿で修学旅行生も受け入れるなどグリーンツーリズムにも取り組み、津別町の発信を行うことで地域に貢献している

　石川さんは、21年2月から北海道指導農業士に認定され地域の営農の指導に当たるなど、天皇杯受賞農家としてこれからの一層の活躍が期待される。
（荒木　和秋）

第4節　有機トウモロコシによる自給率向上とTMRセンターの設立

有機、慣行農家でTMRセンター設立

　津別町TMRセンターは、農協の出資法人である㈲だいちが事業主体となって建設し、14年12月から稼動を開始した。センター建設は農業総合サポート事業として行なわれ、コントラクター組織も同時に設立した。総事業費は約7億4千万円で、農村漁村活性化プロジェクト支援交付金、畜産経営力向上緊急支援リース事業などの補助を受けた。主な施設および機械は、バンカーサイロ13基（1基1,620）、飼料調製庫、飼料タンク10基の設置に加え、飼料混合ミキサー、トラクター、細断型ロールベーラ、ホイールローダ等である。

　TMRセンターに参加している酪農経営体11（農家・法人）は、表3-6のように、5経営体が有機（以下有機グループ）、6経営体が慣行である。このうち有機グループのNo.1は法人で、3戸の農家が20年に経営統合を行って経営管理を一元化し、21年6月から新牛舎での協業経営をスタートさせている。有機グループ全てが有機酪農の条件の一つである放牧地を所有している。

表3-6　津別町TMRセンター構成員の経営概況（2020）

類型	番号	乳牛頭数（頭）			飼料作物（ha）		放牧地
		経産	育成	合計	デントコーン	牧草	
有機	1	115	75	190	50.8	71.4	18.0
	2	58	26	84	13.0	51.5	13.0
	3	56	40	96	15.0	31.2	7.6
	4	40	32	72	10.9	19.9	4.1
	5	32	19	51	12.3	23.5	9.2
慣行	1	57	38	95	9.0	35.9	10.0
	2	56	46	102	1.7	15.8	
	3	43	30	72	27.6	7.1	3.6
	4	37	19	56		37.8	17.5
	5	32	30	62	5.0	17.4	15.0
	6	30	20	50	9.5	9.5	15.3

資料：㈲だいち

設立の背景

　津別町TMRセンターが設立された背景には、酪農労働の軽減があった。

同センターの設立準備委員会の委員長を務めた山田照夫さん（74歳、当時有機酪農研究会会長）は、「TMRにすることで35％の労働軽減はできる」との確信のもとセンター建設を推進した。

　一方、研究会では有機飼料の配合と配送の作業が負担になっていた。飼料会社は配合施設の有機認証がなかったことから、石川賢一さん（51歳）が施設の有機認証を取得し、若手会員3名が1週間～10日ごとに1回集まり輸入有機飼料を配合し、配送作業を含めると1日5時間かかっていた。TMRセンターができたことで配合・運搬の労働から解放された。

施設・作業は有機と慣行に区分

　有機JAS飼料の認定条件として、有機飼料の生産、貯蔵、配合、運搬などの作業において、慣行飼料が混入しないように機械はすべて別になっている。そのため機械類は、有機用、慣行用にそれぞれ2台が装備され、バンカーサイロ、配合飼料タンクも保管場所を区分している。

　TMRセンターの作業は、オペレーター6名で行い、有機班と慣行班に分かれて午前（7:00～12:00）はTMRの配合と運搬を行い、午後（13:00～16:00）からは乾乳用TMRの製造、運搬を行う。TMRの配送は、搾乳牛用は毎日（冬期間は隔日）、乾乳牛・育成用は半月に1度行う。牧草およびトウモロコシ収穫・調製期はコントラクター作業が加わるためオペレーターはフル稼動になる。

有機イアコーンによる自給率の向上

　有機自給飼料は有機グループの牧草サイレージ、トウモロコシWCS（ホールクロップサイレージ）、イアコーンの他、地元畑作農家に委託生産しているイアコーンである。これに輸入有機飼料を加えて有機TMRが製造される。有機酪農家はTMRと放牧によって有機生乳を生産する。

　研究会は、自給飼料の比率を高める努力を行ってきた。図3-14にみるように、採草地と飼料用トウモロコシの栽培面積を増やすことでグラスサイレー

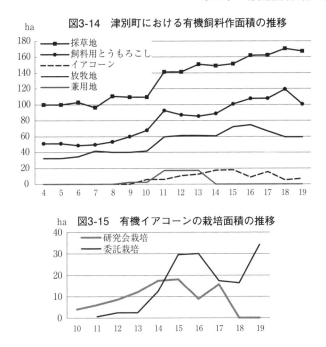

図3-14　津別町における有機飼料作面積の推移

図3-15　有機イアコーンの栽培面積の推移

ジとWCSの給与量が増え、放牧も加わることで飼料自給率を向上させてきた。しかし、濃厚飼料は、価格の高い海外産有機飼料（トウモロコシ、大豆、ふすま）を使わざるをえなかった。そこで、有機グループが取り組んだのが有機イアコーンである。

　有機イアコーンは図3-15にみるように10年から4haの栽培から始まった。11年には町内の有機畑作農家2戸が加わり、その後も大空町の有機畑作法人（20年から休止）、興部町の酪農家も加わったことで15年には29.5haとなり有機グループの18haを上回るようになった。しかし、順調に伸びてきた有機イアコーン栽培も台風や天候不順の影響で、15年の47.5haをピークに、19年には34.2haに減少した。

　有機グループでイアコーンが減少したのは、トウモロコシの栽培面積そのものが減少した訳ではなく、収穫段階で用途がイアコーンからWCSに替わったためである。18年はトウモロコシの不作により、予定されていたイアコ

ーン調製を取りやめ収穫量（調製量）の多いWCS調製に変更したことで、結果的にイアコーン栽培面積はゼロになり、委託栽培のみの16.4haとなった。さらに19年には有機グループでは全てWCS調製に回したことから、イアコーンは委託面積の34.2haのみになった。これは、新たに美幌町で委託農家が確保されたことも要因となっている。

有機イアコーンの生産体制と課題

　委託による有機イアコーン栽培は、M飼糧との契約栽培で、町内の有機畑作農家、興部町の酪農家、美幌町の有機畑作農家で行われている。

　委託農家は、中耕、耕起、堆肥散布、播種の各作業を行うが、収穫作業は㈲だいちのコントラクター部門が行う。収穫時期は、WCSは9月中旬から下旬に、イアコーンは10月中旬である。町内および美幌町には刈取専用ヘッダーを縮めて自走式ハーベスタが自走・移動して収穫を行う。より遠方の興部町にはトレーラーで運搬して収穫を行う。

　有機イアコーン栽培の課題は、第1に除草のタイミングを外すと単収の減少を招くことである。春先の旱魃による不発芽、春から夏にかけての長雨による雑草繁茂、夏から秋にかけての台風による倒伏などである。わずかな作業のタイミングのずれによって単収に影響を及ぼす。同じ町内の畑作農家でも大きな差が生じ、19年の単収を比較すると、委託農家Aの1,260kgに対し、委託農家Bは580kgで46％の水準であった。

　第2にイアコーン収穫専用のヘッダーが必要で、移動距離が30kmの美幌町については自走式ハーベスタにヘッダーを装着して自走して圃場まで行くものの、距離が50kmを超える興部町ではトレーラーで自走式ハーベスタを運搬しなければならないことからイアコーンの単価を高くしている。

　こうした有機イアコーンの生産および調達がどのような効果をもたらしたのであろうか。まず、品質的には夏期の給与は、搾乳牛の放牧期間の軟便を抑える効果がある。次に量的な成果である。有機TMRの原料の年間利用量の推移をみたのが表3-7で、年間の使用量は、5,900 ～ 6,200 t で、そのうち

表3-7　有機TMRの飼料構成（トン）

飼料種類		2017	2018	2019	2020
濃厚飼料	OGコーン	205	151	342	195
	（うち道産コーン）	—	—	—	29
	ふすま	104	108	123	149
	有機大豆粕（従来）	67	82	72	99
	OG大豆粕（新）	230	234	283	281
	イアコーン	266	360	213	250
	小計	872	935	1,033	974
粗飼料	GS1番	1,708	2,139	2,219	1,999
	GS2番	108	—	82	—
	CS	3,247	2,650	2,563	3,256
	小計	5,063	4,789	4,864	5,255
使用量合計		5,935	5,724	5,897	6,229
濃厚飼料自給率（%）		30.5	38.5	20.6	28.6

資料：㈲だいち
注：タンカル、塩、ビタミン，アゾマイトの表示省略

80〜85％をグラスサイレージとWCSが占める。

　濃厚飼料は10年までは100％輸入であった。しかし、イアコーンの生産と20年からは道央地域での有機子実トウモロコシの委託生産が始まり、年次間のバラツキはあるものの、17年以降の濃厚飼料自給率は20〜40％に向上している。

㈲だいちの運営収支

　㈲だいちの経営収支をみたのが表3-8である。18年度は、売上高3億6,463万円のうち、TMRセンターが84％を占めていた。売上から売上原価（費用）

表3-8　㈲だいちの損益計算書（万円）

	2016	2017	2018	2019	2020
売上高	37,829	32,552	36,463	31,219	45,271
うちTMRセンター収入	31,629	27,879	30,790	25,895	32,849
うちコントラ収入	4,004	3,661	4,097	1,350	4,101
売上原価	37,339	32,696	35,032	27,274	43,904
売上総利益	491	-145	1,432	3,945	1,367
販管費	1,923	1,653	1,672	1,460	3,162
営業利益	-1,432	-1,797	-240	249	-179
営業外収益	725	944	448	1,781	2,187
営業外費用	214	215	201	214	357
経常利益	-921	-1,068	7	4,053	36
特別利益	0	970	0	270	0
特別損失	0	-970	0	-270	0
当期利益	-921	-1,068	7	3,783	36

注：㈲だいち資料

および一般販売管理費を差し引いた営業利益は240万円の赤字、当期利益はほぼゼロになっている。

　しかし、16、17年度では当期利益は1千万円の赤字であった。18年度に大幅な改善をみたのは、TMRセンターの運営費を見直したからである。1日1頭当たり料金を、慣行酪農家は200円から260円に、有機酪農家は200円から280円にそれぞれ値上げしたことが大きい。

　農水省は21年5月「みどりの食料システム戦略」を打ち出した。大きな柱は、50年までに有機農業を100万ha（全農地の25%）に拡大する計画である。津別町有機酪農研究会および津別町農協の取り組みは、この政策を先取りするものである。また、20年には、同農協が事業主体になって道央地帯での有機子実トウモロコシの実用栽培に成功したことから、津別町の取り組みは日本の有機畜産振興の弾みになるであろう。（荒木　和秋）

第5節　有機酪農研究会農家の経営と技術

飼料生産と牛舎作業

オーガニック牛乳の原料となる有機生乳を生産しているのは有機研究会の7戸であるが、この中から6戸の経営と技術（20年2月現在）を紹介する。

表3-9は経営概況を示したものであるが、経産牛頭数は27～55頭と比較的規模は小さい。経営耕地面積は、50ha以上が4戸、40ha台1戸、30ha台1戸と比較的大きい。労働力は、二世代2戸、夫婦一世代2戸のほか、単身は2戸で作業面で厳しい状況にある。年齢は3戸が30歳代、2戸が50歳代と比較的若い。雇用は1戸のみで他は酪農ヘルパーを利用している。

表3-9　有機酪農研究会農家の経営概況（2020）

農家	乳牛頭数（頭）		経営耕地面積（ha）					労働力（歳）
	経産	育成	採草	兼用	放牧	飼料畑	計	主－妻、父－母、雇用
1	55	42	23.3		15.4	15	53.7	50－50
2	50	30	22.5		10.4	25.2	58.1	38－38、－68、（雇）21
3	42	27	16		4	10.5	30.5	38－38、69－62
4	35	21	29.76	2	9.59	9.6	50.95	68－
5	33	27	19.54	4.32	11.9	8.07	43.83	54－51
6	27	25	27.1		18	17.56	62.66	35-

農地の利用は、6戸の総計は約300haで、そのうち採草地は138ha、飼料畑86ha、放牧地69ha、採草放牧兼用地6haである。

有機トウモロコシおよび1番牧草の収穫・調製は農協の子会社である㈲だいちのコントラクター部門が行うものの、肥培管理は個々の農家が行うため、ほぼ3台のトラクターが所有されている。また、2番牧草は個々の農家が行うためモアコン、テッダー、レーキ、ロールベーラの作業機一式を所有している。その他肥培管理機、ふん尿処理機などを所有している。

これら有機自給飼料をベースとして津別町TMRセンターは有機TMRを製造し、各農家が持つ施設に貯留する。No.1はTMRを給餌ロボットで給与するため2014年につなぎ牛舎を建設した。他は、成牛舎は3戸が昭和年代に、3戸が平成年代に建設している。つなぎ飼い牛舎のためTMRは自走給餌車

が使われている。育成舎、堆肥舎は全て平成年代に建設されている。

　冬季における１日のTMR給餌回数は、No.１は自動給餌機の自動時間設定のため１日７回と多いが、他は人が自走給餌車を使って給餌するため３〜４回である。搾乳はパイプラインミルカーが使用されている。

　ふん尿処理は、全ての農家でバーンクリーナーを使っている。堆厩肥の切り返しは、多い農家で４〜５回、少ない農家で２回であることから全部が完熟にはなっていない。堆肥の圃場での散布回数は年間１〜２回、尿散布は２〜３回である。No.２は尿の曝気に「ゆう水」の施設を使って行っている。

有機畜産に関する飼養管理

　有機飼料は有機TMRが基本であり、その他自家生産した２番牧草（乾草かラップサイレージ）が給与される。離乳は80〜90日が多い。敷料は麦稈（自家産か購入）がふんだんに使われ、毎日交換される。除角は２〜３ヵ月で焼ゴテを使って行う農家が多いが、中には６ヵ月で行うところもある。断尾は有機畜産の基準に従っているため行わない。削蹄は全ての農家で年２回行っている。分娩介助を実施している農家は２戸だけである。

　乳牛の年間疾病、事故による淘汰数は、多い農家で10頭、少ない農家で３〜４頭である。淘汰理由は乳房炎、肢蹄病、繁殖障害が多い。後継牛を他農場から入れているケースは少なく、No.６のみが仲間の農家から導入している。育成牛は町の有機酪農専用の公共放牧地に預けている。

　係留方法は、鎖が３戸、スタンチョン２戸、ロープ２戸である。牛床の長さは多くが1.8mで牛にとっては十分な長さになっているが、１戸のみが1.7mでやや不足している。分娩房を設置しているのはNo.５のみで、No.２、No.６は乾乳舎で分娩している。哺育は牛舎内か屋外のカウハッチで行われている。

　畜舎環境については、換気のため全ての農家で扇風機を設置している。牛舎および生乳処理室の消毒は石灰を塗布している。ネズミなどの有害動物駆除は殆どの農家で行っており、アブやハエの駆除も半数の農家で行っている。

　有機畜産にかかわる基準順守について、バルク乳の温度計測、搾乳・貯乳施設の洗浄、フィルターや異物混入のチェックの他、治療、分娩、作業、放牧など飼養管理、生乳生産、牛舎環境の全てにおいて記録が義務づけられている。

機械除草が中心の有機トウモロコシ栽培

　有機トウモロコシの調製はWCS（ホールクロップサイレージ）とイアコーンが行われているが、20年はNo. 2だけが両方の調製を行い、他はWCSのみであった。栽培方法はイアコーンもWCSも同じであるが、WCSにするかイアコーンにするかは、その年の予想収穫量による。不足気味の場合にはWCSを優先して量を確保している。

　有機トウモロコシの連作状況を見ると、研究会設立当初から参加している農家では20年以上の連作が行われ、途中参加農家も7年間の連作を行ってい

表3-10　子実トウモロコシの栽培実績とカルチの内容（2020）

有機酪農研究会農家		①	②	③	④	⑤	⑥
連作年数	WCS用（ha）	15	19	10.5	12	8.07	17.6
	イアコーン（ha）	—	4.6				
連作年数		20年	最長20年	参加後7年	20年以上	参加後7年	20年以上
雑草の変化		なし	なし	なし	なし	多くなった	なし
対策	カルチ回数増			○	○	○	○
	輪作		牧草		—		—
	他	カルチ精度向上		適期にカルチ			
播種日		？	5月13-19日	5月21日	？	5月25日	5月16日
カルチ回数		4回	4回	3回	4回	3回、4回	3回
カルチ使用道具	ウィングディスク	○	○	○	○	○	○
	株間輪	○	○	○			
	他	スプリング		針金、チェーン	スプリング、マロットリーナ	熊手、チェーン	針金
カルチの考え方	1回目以降1w〜10日置き		○			○	
	雑草の状態を見て	○				○	
	他						タイミングを見て
雑草増加原因	降雨で作業不可	○	○	○	○	○	○
	他作業のため機会逸脱			○			
	発芽・生長ムラで機会逸脱		○		○	○1週間のずれ	○

る。連作障害である雑草の増加は、No.5農家以外は見られない。多くがカルチ回数を増やすことで雑草防除を徹底している。

　カルチ作業機をみたのが表3-10である。ウィングディスクと株間輪を中心に、スプリング、チェーン、熊手など多種の道具が使われている。カルチの考え方は、出芽前カルチとその後の7～10日間隔の計画的なカルチのほか、雑草の状態に応じて柔軟に対応している。

　雑草の増加原因は、「降雨のためカルチ作業ができなかった」ことを多くがあげ、次に「発芽や生長ムラのためカルチのタイミングを逸した」ことをあげている。また、「他の作物の作業と競合したことでタイミングを逸した」ことも理由になっている。

放牧地には多種の牧草が繁茂

　JAS有機畜産基準では家畜の屋外の飼育場への自由な出入りか放牧が義務づけられている。ただし、積雪期間は例外とされている（有機畜産物の農林規格）。放牧の実施内容について見たのが表3-11である。放牧開始は5月上、中旬で、放牧草がある程度生育してからである。放牧の終了は10月下旬ないしは11月上旬である。冬季放牧（屋外飼養）は半数が行っている。

　放牧の時間帯は、2戸が昼夜放牧、他4戸は日中放牧である。牧区数は多くが1～3牧区と少ないが、集約放牧を行うNo.6で7牧区である。滞牧日数は1日か2日の集約放牧が多いものの、No.1は以前は集約放牧を行っていたものの定置放牧に移行して大牧区（1牧区）になっている。

表3-11　放牧の期間と方法等

農家	放牧期間	開始目安	時間帯	最大	滞牧日数	草種	牧道	水飲場	冬季放牧・運動
1	5上-10下	牧草生育	昼夜	1牧区 8.7ha	－	Ti, OG, WC, PR	なし	4	毎日,2ha
2	5中-10下	放牧地乾燥	日中	3牧区 5ha	2日	Ti, OG, WC, PR, MF	150m	1	毎日,0.3ha
3	5上-10下	牧草生育	日中	2牧区 4ha	1日	Ti, OG, WC, PR, MF, KB	100m	4	毎日,0.2ha
4	5中-11中	牧草生育	日中	3牧区 9.59ha	4～5日	Ti, WC, PR, MF, シバ草	なし	3	なし
5	5中-10下	牧草生育	日中	1牧区 6.5ha	2～3日	Ti, WC, PR	なし	2	なし
6	5中-11上	牧草生育	昼夜	7牧区 12.6ha	1日	OG, WC	400m	4	なし

草種は各農家ともチモシー（Ti）、オーチャードグラス（OG）、ホワイトクローバ（WC）、ペレニアルライグラス（PR）、メドウフェスク（MF）、ケンタッキーブルーグラス（KB）などで構成される。水飲み場はほぼ牧区数に合わせて設置されている。

TMR移行で個体乳量が増加

経産牛1頭当たり個体乳量の推移を見たのが図3-16である。新たな参加農家は③⑤である。全体的に15年以降、急速に伸びている。これは15年から有機TMRに移行したことによる。

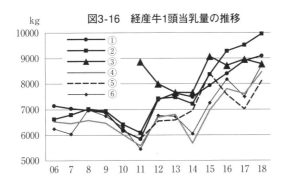

図3-16　経産牛1頭当乳量の推移

全農家の個体乳量の変化をみると、11年から14年までの4年間は平均6,845kgであったが、15年から18年までの4年間の平均は8,355kgと22％増加している。このことからTMR給与の効果がわかるが、乳量の伸びは乳牛の負担になる点も考慮しなければならない。

自給率向上と有機認証のレベルアップを図る

津別町の有機酪農の取り組みは2000年からスタートして20年経過し、安定した生産が行われている。有機飼料自給率向上のため10年からイアコーンの生産を町内外で始め、また19年からは子実トウモロコシの道内調達をはじめている。

津別町有機酪農研究会では、06年に有機畜産物（牛乳）のJAS規格認証を取得しているが、さらに20年にはJGAP（家畜・畜産物）団体認証を取得しており飼養管理技術のレベルアップによる有機生乳の品質向上が図られている。（荒木　和秋）

第6節　有機酪農の世代交代

新メンバーの加入で有機生乳の生産体制は維持

　津別町における有機生乳の生産は2006年から始まるが、図3-17に見るように有機酪農研究会の総出荷乳量は06年の1,443トンから年々増加し、16年には２千トンを突破する。同研究会は06年に５戸で有機生乳の出荷をスタートさせたが、18年と21年に２戸が高齢のためリタイアする一方、11年に２戸と16年に１戸が加わったことで有機生乳の生産量は維持されている。

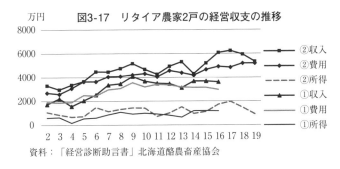

万円　　**図3-17　リタイア農家2戸の経営収支の推移**

②収入
②費用
②所得
①収入
①費用
①所得

資料：「経営診断助言書」北海道酪農畜産協会

リタイア農家の事例：土を重視した有機酪農の展開

　後藤憲司さん（72）は、2017年に搾乳を中止し、現在は12haの小麦畑の管理作業と３haの菜豆の栽培を行っている。研究会設立当初からのメンバーで、イタリアの視察でイアコーンの利用を見たことから翌年からイアコーンの調製を始めた。その効果が認識されて有機酪農研究会全体に広がった。

　後藤さんが有機酪農でこだわったのは土づくりである。堆厩肥は年に４回切り返すことで完熟化させた。また、

写真3-7　後藤憲司さん（左）と
清野久平さん

牧草はルーサンとイネ科の混播とし、トウモロコシと４～５年の輪作体系を確立した。ルーサンはデンマーク実習でその良さ確信していた。後藤さんは放牧にも力を入れた。13.5haの放牧地に35頭の経産牛を放牧したが、掃除刈りの必要がないほど伸び過ぎの草はなく、「ゴルフ場の芝生」のような状態であった。後藤さんは有機酪農に転換したことで「牛を殺さなくなった」と獣医師との縁がなくなった（牛が健康になった）ことを評価している。また、所得が図3-17の①に見るように08年以降は１千万円を超えるようになった。しかし、有機酪農への転換の最大の収穫は、多くの人達が訪れてくれたことで沢山の話ができたことである。

リタイア農家の事例：有機トウモロコシの収量低下を回復

　清野久平さん（69）は、21年５月に研究会メンバーの協業法人である㈱Ｅ・Ｈ・Ｆ（以下、EHF）の稼働に伴って搾乳を中止した。現在は、会社の飼料用トウモロコシの管理作業と搾乳作業の手伝いを行っている。経営耕地のうち採草地31.76haと飼料用トウモロコシ12haはEHFに貸し付けし、放牧地の4.4haは、農協出資型法人に貸し付ける予定である。

　もともと農薬や化学肥料を使いたくなかったことから、有機酪農研究会の設立には率先して参加した。転換当初は、牛のふん尿しか散布しなかったことからトウモロコシの収量が少なく個体乳量が落ちた。そのため図3-17の②にみるように慣行の時には１千万円を超えていた所得が転換後の2004年、05年には700万円前後に落ち込む。しかし、トウモロコシ畑に鶏糞を入れるようになって収量が向上し、また06年にオーガニック牛乳の販売が始まってからは、プレミアム乳価によって所得は１千万円を回復し、年によっては１千４百万円を超えるようになった。さらに有機TMRになったことで費用は増加したものの、作業時間に余裕ができ経営は安定してきた。搾乳中止後、使われなくなった牛舎はJA出資型法人の研修施設として再び牛が入る予定で活気を取り戻しそうである。

法人参加農家の事例：父親の有機酪農場を継承し有機酪農会社に参加

　今井順司さん（37）は、今年 6 月初
めまではほぼ一人で乳牛と農地の管理
を行っていた。リタイアした父親の今
井義広さん（69）は有機酪農研究会が
スタートした時からのメンバーである。
有機酪農に転換した理由は、2000年代
の初めに経営の展開を検討した際、高
泌乳牛（ 1 万kg）にするか、それと
も有機酪農にするか選択を迫られたが、
牛に無理を掛けない後者の道を選んだ。有機酪農への転換で、酪農所得は I
千万円を大きく超えることになった。

写真3-8　松木憲賀さん（左）と
今井順司さん

　今井さんは、07年 4 月に帯広畜産大学別科を卒業して就農したものの、そ
の後義広さんが入院したことで牧場の管理をほぼ一人で行ってきた。特に有
機栽培の飼料用トウモロコシは17.6haあったことから、 3 回のカルチかけは
牛舎管理作業に加え大変であった。そのため、繁殖成績が低下し所得に影響
が出てきたことから、対策としてネックタグを装着して発情チェックを確実
に行うことで繁殖成績は向上した。今年 6 月からはEHFに経営統合したこ
とで、搾乳作業などから解放されたが、圃場の管理作業は今井さんがそのま
ま継続して行っている。また、会社の取締役として会社運営に当たっており、
得意のIT技術を駆使して会社の乳牛管理を任されている。

新規参入の事例：経営資源の制約から有機酪農に転換

　柏葉宏樹さん（39）は2011年から有機酪農に転換した。その理由は、飼料
畑、飼養頭数が少なかったことから所得をあげる手段に加え、農薬や化学肥
料の使用に抵抗があったためである。父親は有機酪農研究会設立の際には参
加を見送っていたが、柏葉さんが経営を継承したことで有機への転換を行っ

た。現在（21年）、飼養頭数は経産牛42頭、育成牛27頭である。経営耕地面積は採草地22ha、放牧地４ha、飼料用トウモロコシ10.5haの計36.5haである。有機酪農転換時は、すでに有機栽培のマニュアルが存在し、研究会メンバーや普及員の指導もあり単収の低下は見られなかった。有機転換のメリットは所得の増加である。図3-18の④にみるように11年の841万円から14年には2,000万円を突破している。現在、経営拡大のネックであった成牛舎をフル活用するため、20年に乾乳舎の建設、21年に哺育舎の建築と育成舎の増築を行い５頭の増頭を計画している。

新規参入の事例：有機酪農転換で所得は大幅増

　松木憲賀（のりよし）さん（55）は、16年４月１日から有機生乳の出荷を行っている。慣行から有機に転換するため、14年から6.5haで放牧を開始し、15年12月１日から有機飼料（TMR）に転換し有機認証を取得した。有機酪農に転換した理由は、牧場がある東岡地区の１戸の慣行酪農家が離農したことで、近隣農家が全て有機酪農になったためである。また、慣行の飼料トウモロコシに除草剤を年１回散布していたが、スプレヤーのタンクに残った除草剤を完全に洗浄する手間がかかっていたこと、他の畑作物への影響を心配したためである。

　有機転換での課題は放牧時の乳成分の低下であった。そこで、低下した際には牛舎にいる時間を長くして有機TMRの食い込みを多くすることで対応した。

　有機に転換したことで図3-18の⑤に見るように酪農所得は大きく増加した。慣行酪農の14年は816万円（280トン）、15年は478万円（306トン）であったが、有機に転換した16年は1,628万円（267トン）、17年は864万円（225トン）、18年は1,077万円（245トン）、19年は1,337万円（276トン）と順調に増加している。生産乳量が大きく変化しない中での所得の増加は、プレミアム乳価が大きい。17年の大きな落ち込みは松木さんの入院によって繁殖管理が疎かになったことによる。

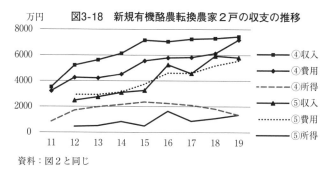

図3-18　新規有機酪農転換農家2戸の収支の推移

資料：図2と同じ

　21年6月からはEHFに移行したが、その際、経産牛33頭、経営耕地43.83haも全て会社に移行し、新たなスタートを切った。松木さんは会社の取締役として運営に当たっている。

新たな時代を迎える有機酪農

　津別町有機酪農研究会では、設立当初のメンバーが高齢化のためにリタイアする一方、新たに参加した農家によって生乳の供給体制は守られてきた。しかし、労働力が不足する一方、時代の流れは省力化のための技術開発が進展しており、メンバー3戸の協業組織であるEHFの設立に至っている。

　今後は先駆者たちが苦心した土壌の改善による有機自給飼料の確保とアニマルウェルフェアによる乳牛の健康保持などによる有機生乳の品質向上が求められている。（荒木　和秋）

第7節　有機酪農会社設立による新たな展開

3戸で協業法人を設立

　有機酪農研究会に属する3戸は21年
5月に㈱E・H・F（East Hills Farm,
イーストヒルズファーム、以下
EHF）の運営を開始し、立地する東
岡地区の名前がつけられた。資本金は
構成員3名が各100万円出資する計300
万円である。代表の山田耕太さん(39)、
松木憲賀さん（55）、今井順司さん
(37)の3人の取締役のほか、3人の

写真3-9　2.5haの広大な敷地に
牛舎などが並ぶ

従業員で運営されている。21年10月末の飼養頭数は、経産牛126頭、育成牛
120頭である。2.5haの敷地に、搾乳牛舎1棟、哺育舎1棟、飼料保管庫、ス
ラリー貯留槽、育成舎2棟が建設されている。投資額は約14億円で、うちク
ラスター事業で5億円補助（据え置き3年）を受けている。施設投資には基
本的には2分の1補助であったが、倉庫などには補助は付かず、またスラリ
ー原料槽は5分の1補助であった。

最新式の搾乳ロボットを導入

　EHFは国内で4番目であるロータリ
ー型ロボット（デラバル社製24ユニッ
ト）を導入して搾乳労働の軽減と乳質
管理に努めている。ロータリーロボッ
トの特徴は、牛がユニットに入って1
周する間の15分間で搾る。15分間で搾
りきれない場合ユニットから出さない

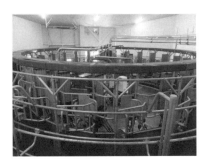

写真3-10　最新式のロータリー
ロボット

仕組みになっているが、長くても1～2分である。

　搾乳の手順は、まずユニットに牛が入ると、1台目のロボットが後ろ2本の乳頭を洗う。次に2台目が前2本を洗う。さらに3台目が後ろ2本乳頭にミルカを装着し、4台目が前2本の乳頭にミルカを装着する。1回転する間にミルカの自動離脱が行われ、出口直前で5台目がディッピングスプレーを行う。計5台のロボットが稼働する。

　搾乳の順番は、最初に健康牛を搾り、乳房炎など治療牛は最後で、その生乳は廃棄する（初乳も含め全体の10%を想定）。

　現在は、1.5時間で104頭を搾乳しているが、ロータリーロボットは400～500頭/日の搾乳能力があることからのフルに能力を発揮していない。その理由は、有機飼料の生産量（圃場面積）から生乳生産量が制限されているためである。

有機生乳生産量の維持がきっかけ

　EHF設立のきっかけは牛舎の老朽化と労働力不足であった。今井さんの牛舎は築50年経ち、雨漏りや床のコンクリートにひびが入るなど老朽化が進んでいた。また、山田さんの牛舎も50年経ち、建て替えを検討していた。さらに今井さんの両親がリタイアしたこと、松木さんも17年にケガをしたことで夫婦二人の家族労働に限界を感じたことによる。

　そのほか、有機酪農研究会のメンバー2戸が相次いで生乳生産中止になり、16年の出荷量2,168トンから減産になったことで、山田さんらは有機生乳生産量の維持に危機感を持ったためである。

　EHF設立に際しては、取締役3人の農地（52.6ha、59ha、37.5ha）のほか離農農家1戸（45.5ha）の農地が会社に貸し付けられ、さらに生乳生産中止農家の借地を含め、経営農地面積は採草地140ha、放牧地26ha、飼料畑50haの216haとなった。

　農業機械については、トラクタ（80～110馬力）は各農家から1～2台、ダンプ、タイヤショベルなどの自走機のほか圃場管理機械、牧草調製機械が

会社にリースされている。

　牛舎、施設の建設が完了した21年5月に役員3戸のほか離農農家の乳牛が導入された。最初は持ち寄った乳牛がロータリーパーラに入らず大変であった。それまでタイストールでの飼養であったためフリーストールに慣れておらず、またロータリーパーラ搾乳も初めてであったからである。そのため100頭を搾乳するのに、最初は5時間かかったが乳牛が慣れたあとは1時間30分に減少している。新牛舎への移動は万全の準備で行ったことから牛の事故や乳質の低下は起きなかった。

十分な休憩時間を保障

　EHFの作業は役員3人に加え、若者3人が従業員として加わった。川村さん（21）は20年4月から、山内さん（23）は18年4月から山田さんの牧場で働いており、新会社に移行した。早川さん（23）は帯広畜産大学を卒業し、21年4月に採用されている。月給のほか年2回の賞与がある。社会保険にも加入している。その他、離農農家と山田さんの妻が搾乳作業を手伝っている。

写真3-11　左から従業員の早川さん、川村さん、山内さん、役員の山田さん、松木さん、今井さん

　EHFでは就業規則などを整えており、月8回の休みを保証している。勤務時間は午前4時半〜午後6時半の14時間の時間帯であるが、作業の合間に5〜6時間の休憩時間が取れるようになっている。搾乳時間は午前4時半〜8時と午後3時〜6時であるが、この間午前10時〜12時で除糞や哺育、育成の管理などを行う。

　役員は、毎日の搾乳作業に参加すると同時に、生産記録（山田・今井）、会計（山田）、乳牛管理・獣医師対応（松木）、機械・施設・コンピューター管理（今井）を担当しているため、勤務時間は従業員の時間を超え、休憩時

間は３～４時間とハードな毎日になっている。

飼料給与と自給飼料生産

　給与飼料は有機TMRで津別町TMRセンターから毎日配送される。搾乳牛・日乳量32kgの構成は、粗飼料はグラスサイレージ１番、２番、トウモロコシサイレージであり、濃厚飼料は国産子実トウモロコシ（春先の３か月）、小麦ふすまと自給イアコーン（冬期間の４～５ヶ月）および輸入の有機大豆、粉砕コーンである。また、乳脂肪は3.8％を切らないように設計されている。

　自給飼料生産は、施肥などは役員３人の共同で行うものの、飼料用トウモロコシ（WCS、イアコーン）の機械除草（カルチ）については、各自がそれぞれの所有地を担当する。自分の畑の状況は自分が良くわかっているからである。１番牧草の収穫については㈱だいちのコントラクター部門が行う。２番牧草の乾草、ラップサイレージの調製はEHFで行う。

　糞尿の形状は、搾乳牛はスラリーで育成牛、乾乳牛は堆厩肥である。これらの散布は、牧草１番、２番収穫直後とコーン収穫直後に行うため、自給飼料収穫時には臭いの問題はない。

アニマルウェルフェアと飼養管理

　EHFは有機畜産物の生産基準（酪農）とJGAPの基準を順守し生乳生産を行っている。有機酪農の柱であるアニマルウェルフェアについては、第一に哺乳は２カ月半～３カ月は生乳を与える。有機のため代用乳は使えないためだ。哺育舎は、現在建設中で、カーフペンで飼養する予定である。第二に乳牛の拘束は行わずフリーバーンで飼養している。敷料は地元の畑作農家から麦稈を購入してふんだんに使用している。汚れ具合を見ながら定期的に交換している。第三に放牧については、21年は乳牛の新築牛舎へ移動したためできなかったが、来春（22年）の連休明けの放牧に向けフェンス、牧道、水飲み場の整備を行っている。20haを２牧区に区切る定置放牧で日中か夜間の

どちらかで放牧を行うことにしている。

　第四に換気扇は７床に１台の割合で入れて乳牛の快適性に努めている。分娩は自然分娩で介助は行わないが、事故は起きていない。牛群全体は過肥になっていないことから難産は少ないが、監視カメラを使って注意は怠っていない。以上の管理により乳質は、体細胞数は10万弱で細菌数も1,000未満と良好である。

将来方向

　有機酪農研究会全体の生乳生産量の減少が予想されることから、今後５年間で牛床を埋めることを考えている。搾乳牛は自家生産で増やすことにしていることから一気に拡大することは考えていない。将来は経産牛230頭、２千トンの生産を目標としている。

　また、会社の運営は、役員、従業員が一体となったチームワークづくりをめざしており、従業員についても将来は役員への昇進を考えている。さらに、道央地帯からの有機子実トウモロコシの調達量を増やすことで現在70％ある飼料自給率を向上させ、良質の国産有機飼料によって高品質の有機生乳づくりを目指している。（荒木　和秋）

第4章　有機飼料自給確立の道程

第1節　有機飼料自給率向上の取り組み

　日本における有機畜産の弱点は、有機飼料生産である。日本での有機畜産物生産は、極端な場合輸入有機飼料100％でも可能である。その場合、物質循環が機能しなくなり環境問題を孕む。コーデックス委員会での有機畜産について「有機的な家畜飼養の基本は、土地、植物と家畜の調和のとれた結びつきを発展させること」とうたっており、コーデックス委員会規定から乖離した日本の有機畜産JAS規定は異質なものになっている。

　津別町有機酪農研究会では有機畜産JAS規定ができる前からEUの有機畜産先進国を視察し、国内ですでに完成していた有機農業JAS規定を参考に有機飼料生産に取り組んできた。しかし、国内での有機飼料へと取り組み事例はほとんど存在せず、研究会結成当初から有機飼料生産の開発に取り組まざるを得ず苦闘の連続であった。

　研究会では、設立当初は有機牧草（牧草サイレージと放牧）と有機トウモロコシサイレージの生産に取り組んだ。有機濃厚飼料はもっぱら輸入に頼っていたものの、不安定な供給と価格な高さから濃厚飼料の生産が模索され、2010年から取り組んだのがイアコーンサイレージであった。

　イアコーンサイレージは、「トウモロコシの雌穂（イアコーン）の一部または全体を収穫し密封貯蔵して発酵させたもの」であり、トウモロコシの茎葉は含まず俵の部分のみの利用であるため、トウモロコシ全部をサイレージにするホールクロップサイレージ（WCS）よりも栄養価は高い。TDN含量は、WCSが65 〜 70％であるのに対し、イアコーンサイレージは75 〜 80％である。濃厚飼料の乾燥子実である子実トウモロコシが90 〜 94％であることから、イアコーンサイレージはWCSよりも栄養価が高いため研究会が生産に取り組んだ理由であった[1)]。

　さらに、18年からは有機子実トウモロコシの試験栽培に取り組み、試験農家では20年から実用化に成功し60トンの収穫を行い、全国初の有機濃厚飼料

の商業生産に成功した[2]。

　以上のように、津別町の有機飼料生産の展開は有機牧草およびトウモロコシのWCSから始まってイアコーンサイレージが加わり、さらに子実トウモロコシの確保と有機飼料自給率の向上への取り組みが絶えず行われてきた。

第2節　自給飼料問題と酪農危機の構造

1．日本における飼料問題と酪農の構造

　我が国の飼料自給率は2021年で25％であり、まさに牛の3本の足が海外の農地に立脚している状態である。飼料は粗飼料と濃厚飼料（主に穀物）で構成されるが、濃厚飼料の自給率（TDNベース）は13％であることから濃厚飼料の自給率の低さが全体の自給率を下げている。この自給率の低さが20年頃から始まる資材高騰による酪農危機をもたらした。そこでは北海道（日本）酪農が抱える歪な経営構造が起因している。図4-1は北海道酪農の二つのタイプの物質循環を示したものである。本来、酪農は自給飼料に立脚し、排泄物を土に還元する物質循環機能を維持している。しかし、生乳生産の拡大と個体乳量増加のため輸入穀物への依存を高めてきた。乳牛検定事業の数値では濃厚飼料の給与量に比例して個体乳量も増大するという両者の間には

図4-1　有機酪農とメガファームの物質循環

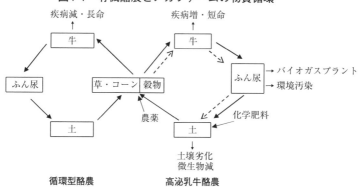

高い相関関係が存在している（荒木1999）。そのため「乳代─配合飼料価格」の利益を追求する"差益酪農"が展開してきた。しかし、外部から供給される濃厚飼料の量が増大することで物質循環が壊れ、糞尿がオーバーフローすることで河川や地下水が汚染される事態が生じた[3]。そこで地区によってはバイオガスプラントの建設などにより対策が講じられてきたものの、多額の投資を伴い酪農経営の負担になっている。また、自給飼料の生産増を図るため化学肥料が使われているものの、価格高騰の影響を受けている。

２．酪農経営危機はなぜ生じたのか

2021年以降、酪農バブルが崩れ、22年に入るとロシアによるウクライナ侵攻によって一気に資材が高騰した。図4-2は農村物価統計調査の農村物価指数について20年を100とした推移を見たものである。飼料、肥料ともに16〜19年までは100を下回っていたものの、飼料は20年から上昇しはじめ、22年には月を追うごとに増加の一途を辿り、９月には147.4まで上昇している。肥料も21年末から上昇しはじめ、22年半ばからは急増し９月には145.6となっている。光熱動力は20年以降、増加率は飼料、肥料より小さいものの９月には128.2になっている。

　特に、飼料価格の動きをみてみると、21年以降の米国産のトウモロコシ価

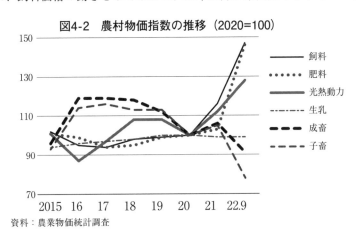

図4-2　農村物価指数の推移（2020=100）

資料：農業物価統計調査

格（シカゴ相場）の高騰に加えロシアのウクライナ侵攻により20年の３ドル／ブッシェル台から22年４月には８ドル／ブッシェルを突破し、これに円安が追い打ちをかけ国内の配合飼料価格が急騰し、22年７月には10万円／トンを突破した[4]。わずか１年余りで３万円／トン、40％以上の価格上昇となり、畜産経営の危機をもたらしている。

　一方、資材価格が20年以降増加してきたのとは対照的に、農産物の成畜、子畜は19年以降特に22年５月以降急速に下がりはじめ、９月には子畜は77.8に、成畜は91.2まで下落した。

　以上のように酪農経営危機は急激な生産資材の価格高騰と、農産物特に乳牛の個体の価格下落によって生じたといえよう。

　そこで、22年における北海道の酪農経営の経営収支の推計を行った。表4-1は、道東地域の新規就農放牧経営4戸平均（経産牛頭数32頭、出荷乳量198トン）と営農類型別経営統計の北海道平均（同88頭、670トン＝20年数値）を比較したものである。放牧経営は、22年10月の実績値に11、12月の予測値を加算し、北海道平均は21年の数値に22年の年間の変化率（額）を加味して推計値を算出した。乳代は21年と同様とし、乳牛等の個体販売価格はホ

表 4-1　新規就農放牧農家および道平均の経営収支の変化

（万円）

		新規就農放牧農家			北海道平均		
		21 年	22 年推計	増減額 22−21	21 年	22 年推計	増減額 22−21
粗収入	生乳	1,891	1,946	55	6,562	6,562	0
	個体販売	515	362	−153	1,094	649	−445
	他	475	419	−56	1,327	1,327	0
	合計	2,881	2,727	−154	8,983	8,538	−445
農業経営費	肥料費	51	51	0	258	324	66
	飼料費	572	547	−25	3,140	3,718	578
	動力光熱費	136	113	−23	330	373	43
	減価償却費	320	331	11	1,209	1,209	0
	荷造運賃手数料	226	213	−13	827	827	0
	他	658	582	−76	2,169	2,174	5
	合計	1,963	1,837	−126	7,933	8,625	692
農業所得		918	890	−28	1,050	−87	−1,137

資料：「営農類型別経営統計 21 年」農林水産省 22.11
　　　ホクレン家畜市場情報（22 年）

クレン家畜市場の22年における月毎の価格の加重平均から減少額を算出した。支出は月毎の農業物価指数の22年11月までの加重平均から変化率を求め、21年数値に掛けて22年の推計値を算出した。ただし、品目は公表された種苗費、肥料費、飼料費、資材費、動力光熱費であり、他は前年と同額とした。

これらの資料から、放牧経営は22年では、粗収入は21年に比べ154万円減少の2,727万円、農業経営費は126万円減少の1,837万円で、うち飼料費はわずかに25万円の減少であった。その結果、農業所得は21年の918万円から28万円減少の890万円に止まった。一方、北海道平均の22年粗収入は445万円減少し8,538万円、農業経営費は692万円増加の8,625万円で、そのうち飼料費が578万円の増加と84％を占めた。その結果、農業所得は1,137万円の大幅な減少で22年はマイナス87万円となった。経営規模では北海道平均の3分の1である新規放牧経営の優位性が証明された。

22年の酪農危機は、北海道（日本）酪農の加工業的性格の弱点が一気に現れた。同時に自給飼料の重要性が再認識された年になった。そこで、津別町における自給率向上の取り組みが注目されよう。

第3節　有機子実トウモロコシの開発

1．有機子実トウモロコシ栽培の状況

第1章および第2章では、津別町はじめ網走地域の畑作農家における有機トウモロコシの栽培の確立の経緯を見てきたが、網走地域においてはホールクロップサイレージ（WCS）とイアコーンサイレージの2種類の調製が行われてきた。なお、有機WCSとイアコーンサイレージの栽培方法は同じであるが、WCSは収穫時期が早く9月であるが、イアコーンサイレージは乾物率を高めるため10月で、両者の栽培方法の違いは収穫期の違いだけである。そこで、イアコーンサイレージ用の有機トウモロコシ栽培の実態を見てみる。

津別町における有機飼料トウモロコシの大規模栽培技術の確立については第2章第2節で詳述した。そこでの中耕除草技術の概略は、①播種後、軽い

土のかぶせ作業を出芽前後にウイングディスク（以下WD）で行う。②同時に株間輪で土の攪拌、砕土により除草し、チェーン付きクマデで雑草を倒伏させる。③かぶせた土をWDで広げ、株間輪で根際の雑草を倒伏させる。④クマデで土をならし、畝間を深耕爪で耕し、ゴロクラッシャーで砕土しならす。⑤WDで覆土を行う、であった。

　研究会は、網走地域（津別町・大空町）の３戸の有機農家にイアコーンサイレージの委託生産を行っている。３戸の経営概況および栽培技術をみたのが表4-2である。作付面積は21〜37haで、小麦、豆類、馬鈴薯に加え有機トウモロコシ２〜4.6haが作付されている。病害虫の発生はほとんどないものの、雑草はヒエ、アカザなどが発生するため４〜６回のカルチ作業が行われている。

表4-2　イアコーン委託畑作農家の経営概況

		1	2	3
作付面積	計	21	25.5	37
	トウモロコシ	4.6	2	3
	小麦	5.4	6	11
	豆類	2	2.5	9.8
	馬鈴薯	5	8	10.5
	てん菜	3	7	—
病害発生		×	×	×
害虫発生		×	×	×僅アブラムシ
雑草	ヒエ	○	○	○
	アカザ	○	○	
	シロザ			○
	タデ	○		○
秋作業	耕盤破壊	○	○	○
	堆肥散布	○	○	○
	茎葉処理	○	○	○
	米糠散布	—	○	—
	耕起		○	—
春作業	耕起	○	—	—
	砕土・整地	○	2回	○
	基肥散布	○	○	○
	播種	○	○	○
	カルチ作業	5回	6回	4回
堆厩肥10a	牛糞	3t	3t	2t
	鶏糞	250kg	100kg	250kg
覆土		1,5回目	1,4回目	1,4回目

注：聞き取りによる

土壌管理については、カルチ作業の効果を高めるためには砕土を十分行う必要がある。土壌を細かく砕土するとカルチ作業を行った時に雑草が抜け易いためである。秋に耕盤破壊、堆厩肥散布、茎葉処理などを行い、冬期間の土壌凍結で土塊が細かくなる。春に砕土・整地、鶏糞散布、整地を行う。

　カルチ作業は、1回目は播種後4～7日に「出芽前カルチ」という円盤状の付属機WDを使った雑草の芽の切断と覆土が行われる。2～3回目は、雑草の芽が出る前にカルチ作業を行う。株間や根際の土を攪拌、砕土を行いながら除草する。最終の4回目（5回目）にWDによる覆土を行う。有機肥料の投入量は牛糞が2～3トン／10a、鶏糞が100～300kg／10aである。

　研究会によるイアコーンサイレージの委託生産は、津別町および大空町の有機畑作法人、興部町の酪農家の間で14年からはじまり、16年までは新規の子実トウモロコシの栽培に対して10万円／10aの所得保証契約のもとで行われたが、栽培面積の増加に伴い17年からは無くなった（荒木2021a）。

　研究会ではさらに濃厚飼料である子実トウモロコシの委託生産に着手したが、そこでは慣行栽培の広がりがあった。

2．国内における子実トウモロコシの伸展と背景

（1）子実トウモロコシの生産の展開

　わが国における子実トウモロコシの生産はほぼ皆無に等しかった。これは圧倒的に米国産トウモロコシの価格が安かったことから、国内で生産しても採算が合わなかったからである。

　ところが11年から転作畑での子実トウモロコシの本格的な栽培が1農家による取り組みから始まった[5]。図4-3にみるように21年には全国で990ha、イアコーンサイレージ70haを含めると1,060haとなっている[6]。

図4-3　子実トウモロコシとイアコーン作付面積の推移

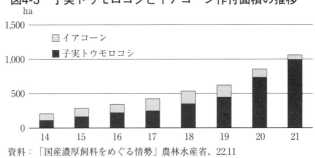

資料：「国産濃厚飼料をめぐる情勢」農林水産省、22.11

（2）北海道における子実トウモロコシ生産の伸展

　こうした栽培増の背景はどこにあったのか、生産者の経営状況を把握した。表4-3は、筆者が2017年に行った道央地帯における子実トウモロコシ農家25戸の調査である（荒木他2018）。

　1戸当たり作付面積は50haで転作率は84％である。転作物は秋小麦、豆類、牧草、子実トウモロコシ、春小麦などである。子実トウモロコシの栽培面積は多くは2～5haと比較的小さいが、小麦－豆類（主に大豆）－子実トウモロコシの輪作体系が確立している。子実トウモロコシ栽培開始年次は、14～17年が多くなっている。

　栽培のきっかけは、第一に「伸根で転作畑の水捌け改善になること」である。転作畑は重粘土や泥炭が多く、水捌けが良くない圃場が多い。そこでトウモロコシの根が深くなることによる水捌けの改善効果である。

　第二に「輪作作物として」である。道央の転作地帯においては、地区によって小麦や大豆の連作により、特に小麦の赤かび病、なまぐさ黒穂病などの発生によって収量が頭打ちになっており、そこに子実トウモロコシが輪作作物として導入された。

　第三に「収穫後の茎葉を鋤きこむことで緑肥効果があること」であり、転作物の主作物である小麦の稈（から）は畜舎の敷料として回収されるため転作物の残渣物は少ない。そこでトウモロコシの茎葉が鋤きこまれることで土

表 4-3 子実とうもろこし栽培農家の作付内容と栽培開始理由 (2017)

グループ	農家番号	栽培開始年	総面積(ha)	子実トウモロコシ	秋小麦	春小麦	豆類	野菜	ナタネ	牧草	その他	稲(ha)	輪作作物	面積カバー	伸根水稲	機械利用	緑肥	収益性	他農家誘	有機物の投入	稲害発生	虫害発生	有機栽培関心
A	1	14	72	28	25	10	5		4				○		○	○	○			鶏糞	×	△	×
	2	11	96	12	13		17	0.2		51		3	○		○	○	○			牛糞1t	×	×	×
	3	14	69	9	21	9	20		10				○		○	○	○			ホタテ殻100kg	×	×	○
	4	16	93	8			13	40		39	14	7	○		○	○	○				×	×	○
	5	12	45	7.5	13	5	16				5		○		○	○	○			牛糞4t	×	×	×
	6	13	55	6	18	16		0.5		20	5.5	4	○		○	○	○			鶏糞200kg	×	×	○
	7	12	60	5	15		30						○		○	○	○			牛糞・鶏糞2t	×	×	○
	8	14	115	4	24	17	8			0.5		39	○	○	○		○			鶏糞100kg	?	?	
	9	14	50	4	10			15.4				3	○	○	○		○		○	牛糞1t	×	×	○
B	10	15	13	4	3	3					6		○	○	○		○		○		×	×	×
	11	16	54	3.5	4		22.5				5	15	○	○	○		○			鶏糞500kg	×	×	○
	12	7	105.2	3.5	12.8	9.3	8.5	3.8			4.5	51.8	○		○	○	○				×	×	×
	13	14	30	3.4	6.5	2	8.1	1				10	○	○	○	○	○			牛糞1.5t,他	×	×	○
	14	15	46	3.3	13.14		18.2				3.3	8.4	○		○	○	○			鶏糞400kg	×	×	
	15	14	28	3	3	5	9		8				○	○	○	○	○			ホタテ殻100kg	×	×	○
	16	15	22	2.5	8.2	2.6	4.1		2			2	○		○	○	○			鶏糞100kg	×	×	×
	17	15	58.8	2.2	14	2	2.4			24.2		14	○	○	○	○	○			牛糞3t	△	△	○
C	18	15	23	2	10	2	4				0.05	3	○	○	○	○	○				×	○	×
	19	17	42	2	13.2		14					9.3	○		○	○	○			牛糞2t	△	○	○
	20	17	31	2	15		14	3.5					○	○	○	○	○				×	×	○
	21	14	43	2	17	16	4		2			2	○	○	○	○	○		○	豚糞100kg	×	×	×
	22	15	20	1	6	2	7						○		○	○	○		○	鶏糞100kg	×	×	○
	23	17	19.7	0.9	2.5		3	0.8			1.5	11	○		○		○				×	×	×
	24	17	29	0.4	5.5							11.56	○		○		○				×	×	×
	25	17	30	0.3	18	6	2.7						○		○		○				○	?	
合計			1249.7	120.5	287.84	110.9	227.8	71.9	28	135	45	200.06	18	11	19	13	16	0	4				

資料：荒木他「子実とうもろこし供給システムに関する調査研究事業」津別町農協 平成30年3月

144

表 4-4　転作作物の 10a 当所得・労働時間・労働時間当所得

	10a 当所得 （千円/10a）	労働時間 （時間/10a）	労働時間当所得 （千円/時間）
主食用米	33	24	1.4
小麦	44	5	8.8
大豆	43	7	6.1
子実トウモロコシ	35	1.2	29.2

資料：「国産濃厚飼料をめぐる情勢・令和 4 年 11 月」農林水産省畜産局

壌の物理的改善につながるからである。

　第四に「所有機械や施設の利用ができること」である。転作農家では、小麦－大豆を中心とした大型機械化一貫体系が確立しており、子実トウモロコシもその機械体系の延長線で栽培が可能であり、新たな機械投資が少ないことである。

　第五に「省力作物で新たな作物として面積のカバーができること」である。アンケートでは「他の転作作物より収益が良かった」は回答がゼロであった。これは10ａ当たりの収益性が他に比べて低かったことによる。しかし、省力作物であることから単位時間当たり所得は高い。表4-4にみるように10ａ当たり所得は小麦、大豆に比べて低いものの、10ａ当たり労働時間は小麦の5時間、大豆の7時間に比べ子実トウモロコシは1.2時間と少ない。その結果、1時間当たり所得は、子実トウモロコシの2万9,200円に対し、小麦8,800円、大豆6,100円よりも高くなっている[7]。道央転作地帯では規模拡大が進み、表4-3で見たように100haを超える経営が出ており、大面積をカバーする作物として子実トウモロコシが位置付けられている。

　また、表4-3で興味を引くのは、病害虫の発生がほとんど見られないことである。問題は雑草であるが、表には明示していないが除草剤散布回数は1回の農家が多くなっている。また、半数以上の農家が堆厩肥を投入している。さらに、子実トウモロコシの有機栽培への関心についての意見では半数の農家が興味を示した。そこで、有機子実トウモロコシの実証栽培試験を行った。

3．子実トウモロコシ生産のための経済条件

（1）子実トウモロコシの経済性

　子実トウモロコシの経済性について、筆者は道央地帯の17年産の子実トウモロコシ生産者10戸のコスト計算（資本利子を含まない）を行い生産コスト70.9円／kgの結果を得た。しかし子実トウモロコシの取引価格は35円／kgであり、この価格差を水田活用の直接支払交付金の戦略作物助成や産地交付金がカバーし、再生産を可能にしていることを明らかにした（荒木2019）。

　道央転作地帯で子実トウモロコシ栽培の増加の原動力になったのは、経営所得安定対策における水田活用の直接交付金である。戦略作物助成の35,000円／10aに加え、市町村の裁量で交付金の額を決めることができる産地交付金の存在が大きい。また水田農業高収益化推進助成（10,000円／10a）が20年度から加わった。さらに、22年度からは水田リノベーション事業（４万円／10a）が始まったが、この事業と戦略作物助成の重複受給はできず、どちらかの選択となっている。

　産地交付金を通して子実トウモロコシ栽培を推進している石狩管内のB町では、21年の21戸、86haから22年には29戸、122haの作付けが予想される。B町で子実トウモロコシが推進されてきた背景としては、小麦や大豆の連作障害による病気の発生にあった。そのためB町地域農業再生協議会では輪作体系の確立を推進してきたが、子実トウモロコシは有力な作物となった。B町管内の農協は子実トウモロコシ生産組合をつくり、２台のコンバインを導入している。表4-5に見るように22年度に水田リノベーション事業を選択した場合の交付金（10a）は、子実コーン10万８千円であり小麦、大豆の５万３千円を大きく上回る。ただし小麦、大豆については表には記していない畑作物としての直接支払交付金の数量払いがある。平均交付単価として小麦は6,710円／60kg、大豆9,930円／60kgが決定されているが、用途や等級によって違うことから、ここでは面積当たりの一律単価は表示していない。

　B町で子実トウモロコシを栽培するC農場の場合、19年の面積当たり数値

表 4-5　転作作物への交付金の内容（B 町、2022 年度予定）

(円/10a)

交付金		子実トウモロコシ	小麦	大豆
産地交付金①	輪作体系加算（1 年目）	9,044	9,044	9,044
	輪作作物導入加算（重点）	36,000		
	単収向上助成		4,044	4,044
	耕畜連携助成	13,000		
水田農業高収益化②		10,000		
戦略作物助成③		35,000	35,000	35,000
水田リノベーション事業④		40,000	40,000	40,000
合計Ⅰ　（①+②+③）		103,044	48,088	48,088
合計Ⅱ　（①+②+④）		108,044	53,088	53,088

資料：B 町地域農業再生協議会 21 年数値と 22 年度水田リノベーション事業の数値

を見ると、数量払いは秋小麦73,000円／10 a、大豆22,000円／10 a に対して子実コーンは畑作物の直接支払交付金の対象となっていない。そのため交付金総額では小麦は122,700円で、子実トウモロコシの77,500円（同年はまだ水田農業高収益化助成の制度はない）を大きく上回っていることから、作物販売を含めた総収入では依然として小麦の有利な状況は続いている。

　B町での22年度の水田リノベーション事業（4万円／10 a）への参加は16戸、65haに対し、戦略作物助成（3.5万円／10 a）の受給は13戸、57haと拮抗している。ただし、水田リノベーション事業への参加者は、「実需者ニーズに応えるための低コスト生産等の取組」が求められるとともに、将来の固定資産取得のために積み立てる（経費として見なされる）ことができる「農業経営基盤強化準備金制度」への参加はできない条件が付いている[8]。

　以上のように道央地帯では子実トウモロコシの栽培が急速に伸びており、そこで有機栽培が可能になれば日本における有機濃厚飼料の供給量が飛躍的増大することになる。

（2）道央転作地帯における有機子実トウモロコシ栽培の可能性

　津別町はじめ網走地域では、子実トウモロコシは積算温度の不足から栽培は難しかった。しかし、道央地域では積算温度が十分であるものの冷涼である。そのため北海道の子実トウモロコシ栽培における病害虫の深刻な発生は

認められないものの、道央転作地帯における雑草は多年生イネ科雑草、１年生イネ科雑草、広葉雑草など多種にわたるため除草剤散布が行われている（小森2021）。また、子実トウモロコシは生育期間が長いことから雑草も結実し種を圃場に多く残すリスクがある（菅野2018）。除草剤による雑草処理を機械によるカルチ作業によって代替できれば有機栽培は可能である。カルチ作業による有機トウモロコシ（WCSおよびイアコーンサイレージ）は津別町で確立しており、その技術が道央地帯においても適用できれば有機子実トウモロコシの栽培は可能である。

　そこで農家の道央の転作畑を使って試験栽培を行い、並行して試験農家は実用栽培に取り組んだ。

(3) 道央地帯での有機子実トウモロコシ試験栽培の結果

　津別町で確立した有機トウモロコシ栽培技術を導入して2018 ～ 20年度において道央の２戸（法人と農家）の転作畑で試験栽培を行った。事業主体はJA津別で、試験担当は酪農学園大学の土壌学の研究者及び北海道大学の作物栽培学の研究者（19年度から）で、筆者が責任者を担った。津別町有機酪農研究会が試験農家の技術指導に当たった。

　初年目の18年は、道央地帯では６月中旬からの低温の長雨により農作物の生育が遅れに加え、９月の台風によりトウモロコシの倒伏が生じた[9]。試験圃場では排水不良のため除草作業ができず雑草が繁茂し、子実トウモロコシの収穫量は300kg ／ 10 a という惨憺たる状況であった（写真4-1）。しかし、19年は天候に恵まれたこともあり、試験圃場（農家）では900kg／ 10 a の収量が確保された。19年と20年の試験結果ではカルチ回数３回で十分な除草効果が認められた（写

写真4-1　試験初年目は悪天候でカルチ作業ができず雑草が繁茂した

真4-2)。

　試験栽培と平行して実用（販売用）栽培も行われた。そこで実用栽培の実績をもとに有機子実トウモロコシの普及性の検討してみる。

写真4-2　3年目は3mを超えるまで成長した

（4）有機子実トウモロコシ栽培の成立条件

1）有機子実トウモロコシの収益性

　有機子実トウモロコシの実用栽培を空知南部地域の法人（①岩見沢市）と個別農家（②南幌町）が行った。そこでの収益性を見たのが表4-6である。また、慣行栽培の個別農家（③当別町）との収支比較を行った。

　収益については有機子実トウモロコシの販売収入と転作奨励金で構成され

表 4-6　有機子実トウモロコシの収益と慣行との比較（20 年・10a）

（円）

栽培方法		有機			慣行
No		①	②	①、②平均	③
収益	粗収入（販売額）	74,625	67,650	71,138	32,121
	奨励金	75,000	53,400	64,200	77,500
	計	149,625	121,050	135,338	109,621
費用	種苗費	7,401	6,500	6,950	5,340
	鶏糞・堆肥	14,978	16,373	15,675	—
	化成肥料	—	—	—	10.01
	農薬	—	—	—	2,679
	機械減価償却費	980	0	490	8,774
	建物減価償却費	1,128	4,000	2,564	427
	修理費	3,833	4,200	4,016	4,228
	光熱動力費（機械）	1,465	2,300	1,883	2,452
	労働費	（雇）1989	7,400	4,695	2,657
	作業料金（播種・刈取・乾燥）	28,520	16,800	22,660	9,800
	水利費	6,000	5,000	5,500	10,000
	地代	8,000	12,000	10,000	16,000
	他（有機認証費）	793	7,400	4,096	0
	計　①	75,086	81,973	78,529	73,076
差引利益		74,539	39,077	56,809	36,545
収量（kg）②		678	615	647	851
面積（a）		1,135	47	591	473
コスト（円）①/②		110.7	133.3	121.4	85.9

る。経営所得安定対策における「水田活用の直接支払交付金」では、19年度までは「戦略作物助成」35,000円（10 a 当たり）と「産地交付金」の二つであったが、20年度からは新たに「水田農業高収益化推進助成」10,000円が加わった。しかし、「産地交付金」は各市町村の采配に任されており、市町村間で格差が大きくなっている。

　費用については、慣行③のほうが有機よりもやや少なくなっている。有機（①、②）では農薬と化学肥料は不要であるが、鶏糞や堆厩肥が投入されている。また、有機では機械減価償却費は少ないものの、播種、刈取は外部委託のため作業料金がかかっている。慣行でも共同のコンバインの利用料金が生じている。

　有機経営間での差が大きいのは有機認証費で、①の793円に対し②は7,400円である。その理由として、認証費用は面積に関係がないため①の47 a に対し②の1,135 a は、スケールメリットが働いているためである。

　収益から費用を差し引いた差引利益は、有機経営では①の74,539円と②の39,077円である。両者では単収差（①678kgと②615kg）はあるものの、奨励金が①の75,000円に対し②では53,400円と21,600円の差が生じ、産地交付金の差が反映している。

2）有機子実トウモロコシと慣行の単価比較

　有機栽培①、②の平均値と慣行栽培の③を比較すると、粗収益は、有機135,338円は慣行の109,621円より多くなっている。これは生産物販売額では有機が71,138円は、32,121円の倍以上あるためである。有機の単収は647kgで慣行の851kgに比べて低いものの、販売単価が有機は110円（1 kg、税込み）に対し慣行は38.5円（1 kg、税込み）と3倍近いためである。その他の収入では、奨励金はむしろ慣行のほうが有機よりも多い。一方、費用は有機79,547円で慣行の73,076円をやや上回っている。その結果、差引利益は有機56,809円で慣行36,545円を20,264円上回っている。

　以上のことは慣行栽培を行っている法人経営（畑作協業法人）との比較でも言える。表4-7の法人経営の子実トウモロコシの利益（20年）は37,126円

表 4-7　転作畑作物の収益性

（円）

作物・年次	個別経営	法人経営			
	小麦 20 年	小麦 19 年	大豆 19 年	なたね 19 年	トウモロコシ 20 年
粗収入	149,880	159,535	118,243	148,965	107,972
（生産物）	27,203	33,355	36,162	27,741	33,847
（奨励金等）	122,677	126,180	81,992	121,224	74,068
費用	70,959	74,914	66,405	49,210	70,807
利益	78,921	84,622	51,839	99,755	37,126

注：トウモロコシ 20 は 19 年数値に、水田農業高度化推進助成 10,000 円を加算した。

表 4-8　有機トウモロコシの単収と取引価格の変化による利益の試算

（円）

単収		600kg	700kg	800kg	900kg	1,000kg
粗収益	110 円	66,000	77,000	88,000	99,000	110,000
	165 円	99,000	115,500	132,000	148,500	165,000
	220 円	132,000	154,000	176,000	198,000	220,000
奨励金		64,000	64,000	64,000	64,000	64,000
奨励金込粗収益	110 円	130,000	141,000	152,000	163,000	174,000
	165 円	163,000	179,500	196,000	212,500	229,000
	220 円	196,000	218,000	240,000	262,000	284,000
費用		80,000	80,000	80,000	80,000	80,000
差引利益	110 円	50,000	61,000	72,000	83,000	94,000
	165 円	83,000	99,500	116,000	132,500	149,000
	220 円	116,000	138,000	160,000	182,000	204,000

であり、ここでも有機①、②平均値は19,683円上回っている。

　このことから、道央地域において有機子実トウモロコシは十分に普及する可能性がある。

　3）転作小麦と子実トウモロコシの競争力の比較

　しかし、有機子実トウモロコシの慣行に対する優位性はあったとしても、他転作作物との競争がある。表4-6で見たように有機子実トウモロコシの所得は56,809円／10 a であり、表4-7の大豆（法人）の51,839円を上回っているものの、小麦の78,921円（個別）、84,622円（法人）やナタネ（法人）の99,755円よりも低く、現状では他の転作物に比べ競争力は弱くなっている。そこで、有機子実トウモロコシの普及のためのシミュレーションを行ってみた。

　有機子実トウモロコシの利益（差引利益）の構成要素は、単収647kg、生産物キログラム単価110円、奨励金64,200円および費用79,547円であった。

そこで、費用を80,000円、奨励金を64,000円として、両者は変化しないものとして、単収と販売単価の変化によって、小麦との競争力を試算した。表4-8に示すように単収を600〜1,000kgの間で、100kg毎で想定し、単価も110円、165円、220円の3段階を想定した。220円は現行の倍の単価であるが、これまでの輸入価格の実際の数値から十分想定される価格である。

　小麦の10a当たり利益を、表4-7の実態数値（78,921円と84,622円）から80,000円とし、これを上回れば小麦に対する競争力があるものとする。単収と単価の組み合わせで80,000円を超えるのは、単価110円では900kg以上である。165円では600kgで83,000円であることから、165円、200円の単価の場合、すべての条件で小麦に対して競争力を持つことになる。単収900kgは試験対象農家の実践圃場で達成された数値であり、気象条件に恵まれれば十分可能である。また、600kgは不作年の数値であるが、165円以上の単価が設定されれば、天候リスクを考慮しても有機子実トウモロコシの栽培は可能である。

　慣行の子実トウモロコシの栽培技術は確立しており[10]、有機への転換は除草剤を機械除草に置き換えるだけでありハードルは低い。しかし、機械除草の場合天候の影響が大きいことから、5〜6月の長雨でトラクターが圃場に入れない場合には除草のタイミングを逸するリスクが存在する。そのため、個々の農家が臨機応変に対応することが有機子実トウモロコシ栽培の成功のカギとなろう。

第4節　有機酪農の発展のために

1．酪農・畜産政策の基本構造

　日本の酪農・畜産政策の基本となるのは「酪農及び肉用牛生産の近代化を図るための基本方針」いわゆる「酪肉近」で、20年3月に第8次の方針が出された[11]。そこでは生乳生産量の拡大が基本ベースになっており、18年の728万トン（現状）から30年の780万トン（目標）、7.1％増が設定された。北海道も396.7万トン（現状）から440万トン（目標）が設定されたものの、新

型コロナ禍の影響で需要が減退し、22年10月には見直しが行われ、22年度の計画は5万トン減の410.9万トンとなって早くも計画が行き詰まっている。

　酪肉近の生乳生産量の増産の手段として畜産クラスター事業が建物、施設や機械への補助など中心的役割を果たしてきた。また、「生産性向上を進めるため家畜改良を推進し高能力の牛群を整備する」として高泌乳牛酪農が推進されてきた。しかし、高泌乳牛は高栄養価の飼料である濃厚飼料を要求するため、高泌乳牛酪農を追求すれば、それだけ濃厚飼料が必要となり、その結果輸入穀物の増大を招いてきた。生乳増産のための経営の規模拡大・高泌乳牛酪農を支える乳用牛配合飼料生産量は18年の321万トンから21年は343万トンへと6.9％増加している[12]。

　ただ酪肉近においても「輸入飼料に過度に依存した畜産から国産飼料に立脚した畜産への転換を推進する」として国産飼料基盤の強化がうたわれているものの、本来であれば酪農・畜産の生産計画と自給飼料計画がリンクしていなければならないものが、政策の総花的記述に留まり生乳増産政策の陰に隠れてしまっている。

　日本の酪農政策は、規模拡大と乳牛の生産性を向上することにより生乳生産量の拡大を図ってきたものの、そのことは輸入穀物の増大をもたらし自給飼料政策の後退を招いている。

２．酪農・畜産政策の新たな展開

　酪農・畜産の基本計画である酪肉近による規模拡大＝輸入穀物の増大という基本政策に転換の兆しが見えている。21年5月に登場した「みどりの食料システム戦略」は有機農業推進を掲げ、そこでは酪肉近の「生乳生産量の増加」、「規模拡大」、「高能力牛群の整備」という言葉が消えている。畜産に関する箇所では「畜産における環境負荷の低減」という項目が掲げられた。具体的には「ICT機器の活用や放牧等を通じた省力的かつ効率的な飼養管理技術の普及」、「子実とうもろこし等の生産拡大や耐暑性・耐湿性等の高い飼料作物品種の開発による自給飼料の生産拡大」、「科学的知見を踏まえたアニマ

ルウェルフェアの向上を図るための技術的な対応の開発・普及」など有機畜
産を推進する文言が登場している[13]。

　これより先に環境負荷軽減型酪農経営支援事業（令和３年度）では、酪農
家の飼料作付面積が経産牛１頭当たり40ａを有する経営に対して、環境負荷
軽減メニュー10項目の中から、例えば「放牧の実施」、「たい肥の適正還元
の取り組み」、「化学肥料利用量の削減」などから２項目の選択を行なえば１
ha当たり15,000円が支払われることになっている。これに加え21年からは、
有機飼料作付面積に対して30,000円が追加交付されることになったが[14]、有
機飼料認証の圃場はもっぱら牧草地が対象となっている。これは畑地での有
機子実トウモロコシも考えられるが、10ａ当たりでは4,500円でしかなく、
転作畑での水田活用の直接支払交付金（戦略助成）の35,000円／10ａと水田
農業高収益化推進助成の10,000円／10ａを足した45,000円／10ａ（他に産地
交付金もある）の10分の１でしかないことから、畑作物としての有機子実ト
ウモロコシ栽培へのインセンティブにはなりにくい。生産現場の酪農地帯で
はもっぱら放牧草が対象となっている。

３．有機畜産発展のための課題と方策（政策提言）

　津別町有機酪農研究会の有機飼料栽培技術の確立は、日本の有機畜産の弱
点である有機飼料の自給率の向上の先進事例となった。また、道央地帯にお
ける有機子実トウモロコシ栽培の実用化は日本の有機畜産にとって画期的な
出来事である。その基礎になったのは、津別町など網走管内での有機トウモ
ロコシ（WCS、イアコーンサイレージ）の栽培技術と道央転作地帯におけ
る慣行の子実トウモロコシ栽培の広がりにある。両者が融合して有機子実ト
ウモロコシの実用栽培が確立した。

　日本の有機畜産がさらに展開するための克服課題と方策を検討する。第１
に有機畜産物の日本農林規格（JAS規格）の見直しである。第２条では、
「有機畜産物は、農業の自然循環機能の維持増進を図るため、環境への負荷
をできる限り低減して生産された飼料を給与することを基本とすること」と

ある[15]。これは「化学肥料や化学農薬を使用しないで生産された有機飼料＝環境負荷低減」という有機JAS規格（農産物）の延長線の規定で有機飼料に関するものであり、「有機畜産農場」の存在に関してではない。仮に有機飼料が全て購入の場合、有機飼料生産は行っていないため環境負荷は生じない。ところが実際には家畜の糞尿が排泄されるため、飼養頭数が放牧地や野外飼育場の面積を大きく超える場合、環境問題が発生する。「農業の自然環境機能の維持増進を図る」ことに反することになる。この点に関して、「日本の有機畜産物JAS規格では家畜飼養面積は8㎡であり1haには1,250頭（繋ぎ飼いは1,724頭）でEUの1ha当たり2頭に比べ超過密での飼養になり"持続可能で環境にやさしい"といえるのか」という指摘が出てくる（西尾2022）。このことはアニマルウェルフェアの観点からも日本はより劣悪な飼養環境が許容されていることになる。したがって家畜飼養面積の拡大と放牧の重視が求められる。有機畜産物JAS規格では、家畜排せつ物の規定がないこと、すなわち有機畜産農場の環境負荷に関する規定が存在しないことから環境への配慮が欠落していると言えよう。

そこで、有機畜産物JAS規格が制定されたのは2005年10月であり、17年が経過している。国全体がカーボンニュートラル政策を中心に動き環境重視の政策に転換しており、みどりの食料システム戦略も有機農業を前面に打ち出したことから、有機畜産物JAS規格の改訂が必要になってきている。

第2に有機飼料生産と流通の強化である。環境負荷軽減型酪農経営支援事業では、1ha当たり15,000円が交付され、さらに有機飼料作については30,000円が加算される。このため有機圃場の認証を受ける酪農家が増えているが、多くは有機圃場（飼料）の認証取得に留まる。そのため、有機飼料（主に乾草）を生産しても有機畜産物の生産には結びついていない。

そこで有機飼料の流通によって有機畜産農家を増やすことである。日本においては有機粗飼料、有機濃厚飼料の自家生産が困難な農家が多いことから有機飼料の流通量を増やすことが有機畜産農家の増加に結び付く。また、有機圃場認証農家では、牧草地の粗放的管理によって鹿の食害によって被害が

生じている（荒木2021b）。有機乾草の流通が活発になれば有機乾草は収入源となるため、農家の電気柵やフェンスの設置によって有機乾草の生産管理が徹底され生産量が確保できる。そこでの政策支援が求められる。

　第3は有機圃場認証農家から有機畜産農家への移行の奨励である。有機肉牛や有機養豚は個別で加工できれば商品化して流通が可能である。しかし、有機生乳は地区での集乳体制のため慣行の生乳と合乳になり有機牛乳の製造はできない。現在、有機牛乳や乳製品を製造するためには個別で加工施設を作り商品化して流通させなければならない。それこそ6次産業化の典型的な取り組みであり、膨大な資金と時間および加工技術が必要になってくる（荒木2022b）。そこで有機圃場の認証を受けた酪農家が集積する地区に乳業メーカーや食品メーカーが進出し、有機生乳の加工場を建設することである。そのための政策的支援が求められる。

　また、有機畜産物の製造には多くの規制があり、酪農家が個別で有機食品製造に取り組む際の記録や商品表示などの業務が負担になり有機畜産物加工の普及の阻害要因の一つになっている。それらの簡素化が求められる（荒木2021b）。

　第4は有機子実トウモロコシ栽培の普及のためには政策による更なる推進が必要である。有機の基盤となる慣行の子実トウモロコシはあくまでも転作作物であり、各種奨励金によって栽培が可能となっている。そこで、子実トウモロコシの本格的な面積増を図るためには畑作地帯での子実トウモロコシを畑作物の直接支払交付金の対象とするなどの位置づけが必要である。このことは飼料用米の評価と共通している。鵜川洋樹氏は、飼料用米が転作物である以上主食用米の調整弁の役割として作付面積が安定しないことから、水田活用の直接支払交付金から名称の変更は必要であるものの畑作物の直接支払交付金への移行など、「飼料用米に関する政策を米生産調整から分離し、自立した飼料政策として位置付ける」ことを提唱している（鵜川2022）。

　このことは子実トウモロコシにも言えることで、子実トウモロコシを畑作物の直接支払交付金の対象として十勝、網走地域で増加すれば、生産者と実

需者の距離が近くなり流通コストも削減できる。また、子実のサイレージ利用によって収穫後にかかっていた子実トウモロコシの乾燥費が抑えられる。畑作地帯での慣行の子実トウモロコシの面積増加は、自ずと有機子実トウモロコシの栽培の増加にもつながることが期待できる。

　第5に有機子実トウモロコシ普及のための推進主体（技術指導および流通・販売促進）の存在である。そもそも有機飼料の推進主体以前に有機畜産の推進主体が見られない。現在は有機畜産の取り組みは生産現場の努力に任されているだけで、有機畜産推進主体の設置の促進が求められる。

　有機畜産は時代を先取りした畜産の生産方式であり、地球環境保全と世界的な食糧不足の時代を迎え、日本の酪農・畜産は飼料穀物、有機飼料穀物の生産に本格的に取り組むことが時代の要請になってきている。

注

1 ）農研機構北海道農業研究センター「イアコーンサイレージ　生産・利用技術マニュアル第 2 版」2017年。
2 ）北海道新聞「子実用トウモロコシ有機栽培で量産化」2020年10月22日
3 ）北海道新聞（十勝版）2020年11月12日、14日
4 ）農林水産省「飼料をめぐる情勢」2022年11月
5 ）朝日新聞「水田にトウモロコシ農の救世主」朝日新聞2016.1.1
6 ）農林水産省畜産局飼料課「国産濃厚飼料をめぐる情勢」2022年11月
7 ）同上
8 ）農林水産省「令和 4 年度経営所得安定対策の概要」2022.3
9 ）北海道協同組合通信社「北海道協同組合通信第17040号」2018年11月 9 日
10）北海道子実コーン組合『北海道子実用とうもろこしの最前線〜生産マニュアル2020 〜』2021年 3 月
11）農林水産省「酪農及び肉用牛生産の近代化を図るための基本方針」2020年 3 月
12）農林水産省「飼料をめぐる情勢」2022年11月
13）農林水産省「みどりの食料システム戦略」2021年 5 月
14）農林水産省「版環境負荷軽減型酪農経営支援事業の手引き（令和 3 年度版）」
15）農林水産省告示第1608号「有機畜産物の日本農林規格」2005年10月27日

引用文献

〔1〕荒木和秋（1999）「集約放牧の現代的意義」北海道家畜管理研究会『北海道家畜管理研究会報第35号』

〔2〕荒木和秋他（2018）津別町農業協同組合「子実とうもろこし供給システムに関する査査研究事業」

〔3〕荒木和秋（2019）「国産子実トウモロコシ生産の可能性」日本農業経営学会『農業経営研究第57巻第2号』

〔4〕荒木和秋（2021a）「有機畑作法人の展開と有機飼料栽培の取り組み」吉岡・菅原・脇谷編著『北海道農業のトップランナーたち』筑波書房

〔5〕荒木和秋（2021b）「書類作成など商品管理作業をこなし有機乳製品を製造・販売」『DAIRYMAN Vol.71 No.11』

〔6〕荒木和秋（2022a）「有機グラスフェッド生乳を乳製品工房に提供」『DAIRYMAN Vol.72 No.3』

〔7〕荒木和秋（2022b）「化肥の施用やめ堆厩肥を全量還元、「おいしい草」で牛を健康に」『DAIRYMAN Vol.72 No.12』

〔8〕鵜川洋樹（2022）『飼料用米の生産と利用の経営行動』農林統計出版

〔9〕菅野　勉（2018）「国産濃厚飼料としてのトウモロコシ活用の可能性」中央畜産会『畜産コンサルタントNo.648』）

〔10〕小森鏡紀夫（2021）「北海道における子実用とうもろこし生産マニュアル」、北海道子実コーン組合、『北海道子実とうもろこしの最前線〜生産マニュアル2020〜』

〔11〕西尾道徳「ここが変だよ日本の有機農業　第4回」『現代農業　第101巻第5号』農文協

あとがき

　本書の中核は、津別町有機酪農家の方々の実践記録と圃場試験などを通して技術指導に当たられた農業改良普及センターの普及員の方々の支援および㈱明治の取り組みの記録である。さらに有機子実トウモロコシの栽培試験の経営評価を記載した。

　津別町有機酪農研究会の酪農家の皆さんが有機栽培に取り組んだのが2000年、明治乳業㈱（現㈱明治）からオーガニック牛乳が発売されたのが06年で、20年近い月日が経った。21年に農林水産省から「みどりの食料システム戦略」が出され、そこでは日本の農地面積の25％を有機農業にするという画期的な計画が示された。これまでの有機農業、有機畜産の農家の取り組みが本格的な政策ベースになり、やっと時代が追いついてきたと言えよう。

　私の津別町の酪農家の皆さんとのお付き合いは1996年に山田照夫さんはじめ酪農家の皆さんとニュージーランドに視察に行ってからである。その後、参加者の皆さんが放牧を始められ、さらに有機酪農に取り組まれたことから再三、経営調査にお邪魔したものの、調査データが溜まる一方であった。退職後、子実トウモロコシの調査予算を獲得するため予算の窓口が必要になり、当時津別町農協の経済部長であった清水則孝さんにお願いしたところ快諾をいただいた。17年４月からJRA畜産振興事業の支援を受けて「子実とうもろこし供給システムに関する調査研究事業（平成29年単年度）」を行い、道央地帯で広がる子実トウモロコシ栽培農家25戸の実態調査を行い、半数近くが有機子実トウモロコシに興味を持っていることが分かった。

　一方、津別町有機酪農研究会では更なる飼料自給率の向上を目指していた。そこで積算温度の高い道央地帯で有機子実トウモロコシの栽培の可能性を求めて栽培可能な農家を訪問し、岩見沢市の㈱ジェイク（西村公一会長・森田祥伸社長）および南幌町の佐藤農場（正一さん、正人さん）が試験圃場引き受けることになった。そこでJRA事業の継続支援を受けて「有機子実とうも

ろこしの栽培法確立と調査分析研究事業（平成30～平成2年度）」を行い、有機子実トウモロコシの試験栽培および実用化試験に成功した。同試験に当たっては酪農学園大学澤本卓治教授、北海道大学中島大賢助教および両大学の大学院生、大学生の支援をいただいた。有機酪農研究会の山田照夫初代会長、石川賢一2代会長も現地指導に駆けつけてくれた。

　研究事業においては有機イアコーン栽培農家の経営調査を行ったが、津別町の石川　剛さん、近藤弘和さん、大空町の「大地のMEGUMI」の赤石昌志さん、福田英信さんには3年間にわたり貴重な経営データの提供を受けた。また（一社）日本草地畜産種子協会の自給飼料コンクールの審査委員として同町の石川ファームの審査に当たったことから津別町有機酪農研究会のデータがさらに蓄積した。そこで本書を計画し、関係者の方々のご協力を得てデーリィマン誌の20年2月から21年10月まで20回にわたり連載し、1～3章にまとめた。

　JRA畜産振興事業実施に当たっては、日本中央競馬会に感謝するとともに（公）全国競馬・畜産振興会、田中宏昭監査室長からはご厚意をいただいたが、監査前に他界され成果をご報告できなかったことが残念である。後任の英賀正之監査室長、佐藤義孝業務部課長には大変お世話になった。デーリィマン誌からの転載に当たっては、同社の広川貴広編集長からご快諾をいただいた。

　表紙は足寄町在住の北野のどかさんにお願いし、アニマルウェルフェアにふさわしい絵を描いていただいた。

　本書の出版企画は筑波書房の有機農業シリーズの一環であるが、中島紀一茨城大学名誉教授からの依頼を受けて8年の月日が経ったが、筑波書房鶴見治彦社長からは寛大な対応をいただいた。執筆活動の場を酪農学園大学星野仏方教授および同大学から頂いた。

　本書は、執筆者の方々のご尽力とたくさんの方々のご厚意と協力の結集の賜物であり厚く感謝を申し上げる次第です。

　津別町有機酪農研究会ではメンバーの交代がおきているが、第一世代と関

係機関が築きあげた有機酪農の技術と経営の更なる発展を期待したい。

　2023 年 1 月

執筆者を代表して　荒木和秋

執筆者紹介（所属、肩書き、執筆順）

荒木　和秋　酪農学園大学名誉教授　熊本県出身（序章、第
　3章　第2節～第7節、第4章）

山田　照夫　津別町有機酪農研究会　顧問、同研究会初代会長
　北海道津別町出身（第1章　第1節）

清水　則孝　オホーツク農業協同組合連合会　農産事業部長、
　元津別町農業協同組合　経済部長　北海道津別町出身（第1
　章　第2節）

多田　佳由　元㈱明治 北海道酪農事務所　所長　北海道札幌
　市出身（第1章　第3節）

三宅　陽　北海道日高振興局産業振興部日高農業改良普及セ
　ンター日高西部支所主査（地域支援）、元網走農業改良普及
　センター美幌支所　新潟県出身（第2章　第1節）

澤田　賢　北海道農政部生産振興局技術普及課　酪農試験場
　天北支場駐在　主任普及指導員、元網走農業改良普及セン
　ター美幌支所　北海道知内町出身（第2章　第2節、第4節）

三浦　亘　北海道オホーツク総合振興局産業振興部網走農業
　改良普及センター遠軽支所　主査（畜産）、元網走農業改良
　普及センター美幌支所　秋田県出身（第2章　第3節）

浅田　洋平　北海道農政部生産振興局技術普及課　主査（普
　及指導）、元網走農業改良普及センター　北海道佐呂間町出
　身（第2章　第4節）

東山　寛　北海道大学大学院農学研究院　教授　北海道札幌
　市出身（第3章　第1節）

有機酪農確立への道程

2023年3月3日　第1版第1刷発行

編著者　荒木和秋
発行者　鶴見 治彦
発行所　筑波書房
　　　　東京都新宿区神楽坂2−16−5
　　　　〒162−0825
　　　　電話03（3267）8599
　　　　郵便振替00150−3−39715
　　　　http://www.tsukuba-shobo.co.jp

定価はカバーに示してあります

印刷／製本　平河工業社
© 2023　Printed in Japan
ISBN978-4-8119-0647-8 C3061